国家自然科学基金青年基金项目(51904164、52004145)资助
山东省自然科学基金项目(ZR2020QE119)资助

综放沿空煤巷顶板不对称破坏机制与锚索桁架控制

张广超　陈　淼　陶广哲　李　友　著

U0337753

中国矿业大学出版社

· 徐 州 ·

内 容 提 要

本书针对厚煤层大型综放开采条件下沿空煤巷围岩不对称变形与破坏问题,从机理、技术、实践三个方面对综放沿空巷道的破坏和控制进行了系统分析,研究了综放沿空巷道顶板煤岩和支护体不对称矿压显现及其与各影响因素之间的关联性,揭示了综放沿空巷道顶板煤岩体的失稳力学准则和判据及偏应力场时空演化规律,阐明顶板不对称破坏机制和控制方向,设计有效控制顶板不对称变形破坏的新型桁架锚索结构,揭示其矿压控制作用原理,探究顶板与桁架锚索之间的不对称调控关系和指标体系,相关研究成果丰富了巷道围岩控制领域的理论与技术体系,对于保证巷道安全畅通和实现综放开采的安全高效发展意义重大。

本书可供从事采矿、岩土等地下工程领域的科技工作者、高等院校师生和煤矿生产管理者参考。

图书在版编目(CIP)数据

综放沿空煤巷顶板不对称破坏机制与锚索桁架控制/
张广超等著. —徐州:中国矿业大学出版社,2021.6
ISBN 978-7-5646-5048-3

Ⅰ.①综… Ⅱ.①张… Ⅲ.①煤巷支护－顶板支护－
稳定性－研究 Ⅳ.①TD353

中国版本图书馆 CIP 数据核字(2021)第 122889 号

书 名	综放沿空煤巷顶板不对称破坏机制与锚索桁架控制
著 者	张广超 陈 淼 陶广哲 李 友
责任编辑	马晓彦
出版发行	中国矿业大学出版社有限责任公司
	(江苏省徐州市解放南路 邮编 221008)
营销热线	(0516)83884103 83885105
出版服务	(0516)83995789 83884920
网 址	http://www.cumtp.com E-mail:cumtpvip@cumtp.com
印 刷	徐州中矿大印发科技有限公司
开 本	787 mm×1092 mm 1/16 **印张** 8.75 **字数** 167 千字
版次印次	2021 年 6 月第 1 版 2021 年 6 月第 1 次印刷
定 价	34.00元

(图书出现印装质量问题,本社负责调换)

前　言

美国和澳大利亚等煤炭开采国采用双巷布置方式,沿空掘巷是我国煤炭采掘过程中使用最为普遍的布置方式。沿空掘巷经历了从宽煤柱护巷到小煤柱护巷的发展历程。20世纪兖矿集团最先在兴隆庄、东滩、南屯等煤矿进行小煤柱护巷工业试验并一举获得成功,自此小煤柱护巷形式开始在全国其他煤矿推广使用。与此同时,广大煤矿科技工作者对小煤柱护巷的力学原理、沿空巷道锚网控制技术进行了大量研究。经过多年的努力,沿空掘巷已经广泛应用于薄及中厚煤层并形成了相对成熟的技术理论体系,同时随着开采深度的增加,小煤柱沿空掘巷也已经成为冲击地压防治的关键布局举措。

我国厚及特厚煤层资源储量丰富,约占总储量的45%,分布遍及神东、蒙东、陕北、晋北、晋东、宁东等多个大型亿吨级煤炭基地。在厚煤层开采实践中,多通过留设20~50 m宽煤柱维护巷道,这些煤柱不但无法回收而造成资源浪费,而且还会使巷道处于采动剧烈影响区而诱发严重变形破坏,巷道维护难度极大。近年来,随着综放开采工艺不断完善及回采设备大型化、自动化程度提高,大型集约化综放开采已成为我国厚及特厚煤层安全高效开采的重要发展方向。大型综放开采在实现厚煤层资源安全高效开采的同时,与之相匹配的综放回采巷道必然面临着大断面、强烈采动影响、软弱厚煤顶等围岩控制难题。与此同时,随着近年来煤炭企业普遍意识到小煤柱护巷在特厚煤层安全高效开采与灾害防治方面的关键作用,小煤柱护巷条件下的综放大断面沿空巷道工程越发普遍。基于团队开展的大量厚及特厚煤层小煤柱护巷现场工程实践发现,综放沿空巷道顶板沿垂直方向显现不对称下沉破坏,沿水平方向显现不对称挤压变形破坏,且变形破坏的不对称性在大型综放开采和区段窄煤柱条件下趋于恶化,甚至可能引发冒顶和支护失效损毁等事故,导致顶板失去控制和煤巷安全性低下。传统的综放沿空巷道顶板破坏机制及相应的控制理论与技术无法有效解决此类巷道围岩失稳问题,有针对性地开展深入、系统的研究刻不容缓。

本书共分为7章。第1章简要介绍了综放沿空巷道破坏机理与巷道围岩控制研究现状;第2章对综放沿空巷道不对称破坏特征及围岩破坏特征进行了总结分析;第3章通过力学模型与数值计算揭示了顶板岩层结构运动与顶板不对称破坏的内在力学联系;第4章分析了采掘全过程中沿空巷道顶板煤岩体偏应力第二、第三不变量演化特征,揭示不对称破坏的主控因素;第5章提出了综放沿空巷道不对称破坏的控制原理,介绍不对称式锚梁支护系统及其工作原理;第6章介绍了现场工程应用情况;第7章为结论。

本书编写过程中,得到了有关单位和人员的大力支持和配合,在此表示衷心的感谢!

由于作者水平有限,书中不足之处在所难免,敬请广大读者批评指正。

作 者

2021年5月

目　　录

第 1 章 引　　言

1.1　问题的提出

　　煤炭是我国的主体能源,其在我国一次性能源消费结构中占 70％左右[1]。据统计,我国原煤产量已经由 2000 年的 13.8 亿 t 增加至 2019 年的 39 亿 t。当前,我国正处于经济高速发展的攻坚阶段,煤炭是国民经济和社会发展的主要能源保障[2]。虽然近年来受经济增速减缓的影响,煤炭产量稍有下降,其在我国能源消费结构中所占的比例亦由 2009 年的 70％降至 2019 年的 63.64％,但是国家经济和社会发展对煤炭依赖性依然很大,煤炭在我国经济结构中的重要作用决定了煤炭的主体地位长期不会改变[1-3]。

　　2016 年,国土资源部发布的《中国矿产资源报告》表明,我国已探明的煤炭资源储量达 1.57 万亿 t,其中厚煤层资源储量约占总储量的 45％,分布遍及神东、蒙东、陕北、晋北、晋东、宁东等多个大型亿吨级煤炭基地。综合机械化放顶煤开采方法因具有高产高效、安全性好、效益高等优点,已成为厚煤层开采的重要技术手段[4]。近年来,随着综放开采工艺不断完善及回采设备大型化、自动化程度提高,大型集约化综放开采已成为我国厚及特厚煤层高产高效安全开采的重要发展方向[5-6]。大型综放开采一般具有采场尺寸大、工作面推进速度快、回采效率高等特点,然而现有文献中尚未对大型综放开采进行明确定义[7-8]。本书中大型综放开采定义为工作面倾斜长度 200 m 及以上,开采煤层厚度 6 m 及以上的综放开采工艺。根据此定义,大型综放开采已在神东、榆林、大同、潞安等矿区推广应用[9-12]。

　　大型综放开采在实现厚煤层资源高产高效开采的同时,与之相匹配的综放回采巷道必然面临着大断面、强烈采动影响、软弱厚煤顶等围岩控制难题[13-15],加之近年来为响应国家建设资源节约型矿井的号召,窄煤柱条件下的综放大断面沿空巷道工程越发普遍[16-17],这些因素均使得回采巷道围岩稳定控制难度不同程度地增大,综放沿空巷道围岩稳定性控制已成为保障综放开采安全高产高效的关键因素[18]。

课题组在平朔、大同、乡宁等多个矿区的现场工程实践中发现，综放沿空巷道顶板煤岩体沿垂直和水平方向的破坏特征以巷道中心线为轴呈现实质不对称性[19]，主要表现为：① 沿垂直方向，靠煤柱侧顶板下沉量（即垂直位移量）远大于靠实体煤侧顶板下沉量，甚至出现靠煤柱侧顶板漏冒、嵌入、台阶下沉现象；② 沿水平方向，顶板岩层自煤柱侧向实体煤侧发生明显水平滑移运动，造成靠煤柱侧顶板煤岩体错动、挤压、破碎并形成挤压碎裂带。尤其是在高强度开采和窄煤柱条件下，沿空巷道顶板矿压显现的不对称性将越来越大，传统的全断面对称式支护结构无法适应和控制上述顶板不对称变形破坏，导致顶板煤岩体力学性质恶化与支护结构的损毁失效，甚至引发局部冒、漏顶事故，严重影响综放开采的安全高产高效。图 1-1(a)为综放沿空巷道顶板沿垂直方向不对称下沉，可见顶板已向煤柱侧发生显著倾斜；图 1-1(b)为综放沿空巷道顶板沿水平方向挤压错动变形，这使得巷道表面岩体挤压变形形成破碎带，锚网和 W 型钢带严重变形。

（a）顶板沿垂直方向不对称下沉　　　　　　（b）顶板沿水平方向挤压错动变形

图 1-1　综放沿空巷道顶板不对称破坏特征

综放沿空巷道顶板不对称破坏是顶板煤岩体受采掘影响而诱发的内部应力场、位移场非线性迁移与畸变能积累、释放和转移的力学过程，其与巷道应力和岩体环境、煤岩体力学性质特征、上覆岩层结构运动、支护形式等都有着很大关联性[19]。当前，有关巷道不对称破坏方面的研究多集中于倾斜煤层巷道或含弱岩层结构的巷道，缺乏厚煤层大型综放开采沿空煤巷在窄煤柱大断面强采动条件下顶板不对称破坏相关理论研究，而且当前煤矿常用的锚杆(索)支护结构无法适应和控制顶板沿垂直方向和水平方向的不对称破坏[20]，顶板煤岩体的安全稳定得不到保障。因此，研究综放沿空巷道顶板煤岩体不对称破坏机制及相应的围岩控制系统对于保证巷道安全畅通和实现综放开采的安全高产高效发展意义重大。

本书内容以中国矿业大学(北京)与中煤华晋王家岭煤矿签订的项目"大断面强采动综放煤巷变形规律及锚索桁架支护研究"及国家自然科学基金面上项

目"综放沿空煤巷顶板不对称破坏机制与锚索桁架控制"为依托,综合现场调研、理论分析、数值计算、室内实测和工业性试验等方法,深入探讨综放沿空巷道顶板不对称破坏特征及其主控因素、顶板不对称破坏失稳准则与判据、顶板不对称破坏时空演化特征、顶板不对称调控系统和具体控制技术,并将研究成果应用于现场工程实践,取得较好的围岩控制效果,有效保障了巷道顶板的安全稳定。该课题研究对于丰富和完善矿山压力与岩层控制理论,推动煤矿巷道支护技术发展,实现厚煤层综放开采的安全高产高效具有重要的理论意义和实用价值,研究成果对于类似条件下综放沿空巷道围岩稳定性控制和支护设计具有重要借鉴价值。

1.2　国内外研究现状

1.2.1　综放沿空巷道上覆岩层活动规律

地质沉积作用使得煤矿巷道围岩多呈层状分布,综放沿空巷道上覆岩层与综放面上覆岩层属于同一岩层,综放沿空巷道围岩稳定性与相邻工作面和本工作面回采过程中上覆岩层结构特征及运动形式有着很大关联性[21-22]。由此可知,综放沿空巷道顶板不对称破坏必然与基本顶赋存状态及其回转下沉运动有着直接关系。

国内外学者对综放沿空巷道覆岩结构运动及其稳定进行了大量研究。朱德仁[23]建立了综放采场端部三角形悬板结构模型,认为该悬板结构的几何尺寸和运动特征与下部沿空巷道的矿压特征有着直接关系。何廷峻[24]基于 MARCUS 板理论对三角形悬板结构进行力学解算,预测了悬板的破断时间和位置,该研究成果为沿空留巷工程中充填体的构筑时间确定提供了思路。漆泰岳[25]运用弹性基础梁理论证明侧向悬板结构将于煤层内上方破断,且破断位置随着围岩性质的提高而向深部转移。涂敏[26]基于 Winkler 弹性地基理论推导出了基本顶岩梁挠度和弯矩分布特征方程,为沿空留巷巷旁支护阻力计算提供了新的思路。

国内外学者对侧向顶板结构与下部沿空巷道稳定性的互馈关系进行了大量研究。侯朝炯等[27]提出了综放沿空巷道围岩的大、小结构理论,其将大范围内煤岩体定义为大结构,锚杆及其支护岩体定义为小结构,并深入分析了综放开采不同阶段大结构和小结构动态响应特征及其互馈关系,认为选择合理区段煤柱尺寸和锚杆支护是保证小结构稳定的关键措施。基于上述认识,李磊等[28]、柏建彪等[29]分析了侧向基本顶结构稳定性原理,并提出了沿空巷道应该布置于采空区附近低应力区的观点,该研究成果为区段煤柱宽度设计提供了指导思路。

宋振骐等[30]提出内、外应力场理论,认为侧向支承压力将以基本顶断裂线为界分为断裂线与煤壁间的"内应力场"和断裂线深部区域的"外应力场",内应力场范围内围岩将承受断裂拱内岩层自重,外应力场将承受覆岩压力及拱外传递过来的附加应力。王红胜等[31]提出了沿空巷道侧向基本顶4种断裂结构形式,建立了煤柱帮载荷计算公式,并分析了基本顶不同破断位置下煤柱帮响应特征。

上述科研成果为探究综放松软窄煤柱沿空巷道顶板不对称破坏机制奠定了基础,但有关基本顶结构运动与沿空巷道顶板不对称破坏关联性的研究较少。未来研究工作将基于综放沿空巷道沿巷道中心轴两侧应力分布和围岩性质的不对称分布特性,建立沿空巷道顶板不对称梁模型,探究综放沿空巷道顶板不对称破坏的准则和判据,揭示顶板不对称破坏的力学机理。

1.2.2 煤矿巷道不对称破坏研究

综放沿空巷道矿压显现与其外部的应力和岩体环境、内部岩体结构性质、采掘应力、支护形式等有着很大关联性。通过国内外文献检索发现,现有的煤矿巷道围岩不对称矿压显现的研究多集中于倾斜煤层巷道、深部软岩巷道、含弱结构巷道。伍永平等[32]采用相似模拟试验的方法研究了急倾斜煤层巷道两帮不对称破坏特征,认为两帮围岩性质结构的差异性是两帮矿压显现不对称分布的主要原因。张蓓等[33]分析了围岩不对称破坏与煤层倾角的关系,认为煤层倾角越大,矿压显现不对称特征越明显。郭东明等[34]运用不连续变形分析方法还原了大倾角煤层巷道不对称破坏特征。张明建等[35]发现在倾斜煤层巷道中过巷道中心轴线与水平方向呈 45°～95°平面的两边裂隙较为发育,形成对称式的拱梁结构。孙晓明等[36]认为深部倾斜巷道不对称破坏是相邻岩层间剪切滑移和围岩高应力扩容综合作用的结果。孙小康等[37]模拟分析了大倾角回采巷道围岩不对称破坏演化过程,提出了非对称锚网索支护技术。何满潮等[38]采用二维数值模拟软件得出了深部巷道围岩位移场演化特征,认为上部煤层开采引起的采空区应力集中是诱发巷道不对称破坏的主要因素。黄万朋[39]认为围岩性质非匀质性和岩层结构倾斜分布使得以巷道中心线为轴两侧围岩结构呈不对称性分布,这种不对称性是深部巷道不对称破坏的必要条件。樊克恭等[40]分析了软弱结构岩体与煤矿巷道不对称破坏的关联性,认为软弱结构体是该类巷道不对称破坏的起始部位。此外,地应力方向亦是巷道非对称变形破坏的重要影响因素。W. J. Gale 等[41]认为水平应力与巷道轴线的夹角是不对称破坏的影响因素,随着水平应力与巷道轴线夹角增大,巷道变形破坏会向某一侧转移。郭建卿等[42]发现随着侧压系数增大,巷道围岩应力、帮部位移、顶底板变形的不对称性将增大。

虽然有关煤矿巷道不对称破坏的报道已屡见不鲜,但尚未有针对综放沿空巷道顶板的沿垂直方向和水平方向不对称破坏的报道。不同于中厚煤层开采及大采高综采,由于大型综放开采工程环境和应力环境的复杂性与不确定性,综放沿空巷道围岩性质结构和支承压力分布沿巷道中轴线呈不均衡分布特征,进而诱发了沿空巷道围岩不对称矿压显现。因此,针对综放沿空巷道顶板呈现出的不对称破坏特征,研究不对称破坏的力学机制,探讨其与综放沿空巷道外部应力环境、围岩结构和性质、采掘关系及支护形式的关系,具有重要的科研意义和工程价值。

1.2.3　综放沿空巷道围岩控制理论与技术

在巷道支护技术方面,锚杆(索)已成为煤矿巷道支护的主要形式[43-49],并基于不同的使用条件和假说,提出了新奥法理论、悬吊理论、组合梁/拱理论、最大水平应力理论等[50-53],这些支护技术和理论都极大地推动了煤矿巷道支护理论和技术的发展。近年来,我国煤矿科技工作者根据不同地质条件下巷道的支护要求,进一步发展了巷道支护理论和技术。何满潮等[54-56]研发了可以提供恒定支护阻力且保证稳定变形量的恒阻大变形锚杆,并将其推广应用于深部软岩巷道。康红普等[57-64]认为预紧力是保证锚杆支护效果的关键,提出了锚杆强力支护理论,并研发了强力锚杆、强力钢带和锚索系列支护材料。马念杰等[65-68]认为巷道支护结构在保证高支护阻力的同时还应具有一定的可收缩变形,据此研发了可接长锚杆,并进行了大范围应用。张农等[69-70]针对受相邻工作面采动影响条件下沿空巷道围岩控制问题,提出了预拉力钢绞线桁架锚索结构。何富连等[15,71-73]针对大断面巷道围岩控制难题,提出了以连接器为连接构件的桁架锚索体系,并广泛应用于大断面巷道。李术才等[10,74]提出了高强让压性锚索箱梁支护系统,其具有定量让压、护表面积大、预紧力损失小等特点,适用于深部高应力厚煤顶巷道。高延法等[75-78]研发了适用于深部软岩和动压巷道的钢管混凝土支护结构,其具有支护阻力大、适度让压的特点。

针对煤矿巷道不对称破坏现象,我国科研工作者进行了大量研究和现场实践。针对煤岩互层巷道存在的不对称破坏问题,张农等[79]通过锚杆、锚索和注浆技术构建巷道浅部封闭支护体系以实现巷道稳定性控制。王亚琼等[80]采用不对称设计方法进行支护结构优化,解决了隧道工程中支护结构受力不对称分布问题。邹敏锋等[81]成功采用锚网不对称支护方法解决了孤岛工作面回采巷道不对称破坏问题。许绍明等[82]通过对薄弱部位加强支护解决了深部软岩巷道中出现的不对称破坏问题。M. Cai等[83]认为倾斜煤巷巷道围岩不对称破坏控制的关键在于对关键位置进行锚杆(索)加强支护。

上述支护技术多是针对倾斜煤层巷道或含弱结构巷道存在的不对称破坏问题，但其尚无法实现大型综放开采条件下窄煤柱沿空巷道顶板沿垂直方向和水平方向的不对称破坏控制，相关的工程实践亦鲜有报道。本书将基于综放沿空巷道不对称破坏实质，研发新的桁架锚索结构并形成综放沿空巷道顶板不对称调控系统。

1.3 主要研究内容与研究方法

1.3.1 主要研究内容

（1）调查研究王家岭煤矿典型综放松软窄煤柱沿空巷道（20103 区段运输平巷）地质生产条件、顶底板岩性、采掘关系，及顶板煤岩与支护体不对称矿压显现的几何位态、严重程度、显现特征及其发生动态显现的过程；现场进行煤岩样采集工作，实验室进行压缩、劈裂、剪切等试验并对岩体力学性能进行综合评价。

（2）建立综放窄煤柱沿空巷道覆岩结构整体力学模型，深入研究采动影响条件下基本顶与直接顶的互馈力学行为，揭示顶板在垂直方向和水平方向破坏失稳准则与判据；分析顶板不对称破坏与基本顶回转下沉、煤柱宽度、煤柱强度等因素的关联性。

（3）研究相邻工作面回采、巷道掘进和本工作面回采过程中，综放沿空巷道顶板煤岩体偏应力场分布与迁移的时空演化规律，解算顶板在垂直方向与水平方向运移破坏的动态响应，阐明顶板破坏不对称性分布规律及不同类型严重变形破坏程度和区位特征。

（4）基于综放窄煤柱沿空巷道不对称破坏机制，提出该类巷道围岩不对称控制对策，研发新型高预应力锚索桁架结构及其防治顶板不对称破坏的方法，并在此基础上形成一套高效安全的顶板调控系统。

（5）探究顶板煤岩体与新型锚索桁架支护结构的耦合作用，研究顶板煤岩体变形破坏程度与锚索桁架支护参数的相互关系，形成相应的科学化调控系统，并选择典型窄煤柱沿空巷道进行现场实践。

1.3.2 研究方法

本书采用现场调研、室内实测、理论分析、数值模拟和工业性试验等研究方法，对综放松软窄煤柱沿空巷道顶板不对称破坏机制和控制技术进行系统研究。

（1）现场调研

现场调研王家岭煤矿综放窄煤柱沿空巷道地质生产条件、顶底板岩性、采掘关系情况；调研 20103 巷道综放沿空巷道顶板煤岩与支护体的不对称矿压显现几何位态、严重程度、显现特征及发生动态显现过程。

（2）室内实测

进行相关物理力学试验，包括单轴抗压试验和劈裂、剪切试验等，确定煤岩样的单轴抗压强度、泊松比、杨氏模量、单轴抗拉强度、黏聚力、内摩擦角等物理力学参数，对围岩力学性能进行综合评价。

（3）理论分析

建立综放松软窄煤柱沿空巷道覆岩结构整体力学模型，深入研究采动影响条件下基本顶与直接顶的互馈力学行为，获得顶板在垂直方向和水平方向破坏失稳准则与判据；分析顶板不对称破坏与基本顶回转下沉、煤柱宽度、煤柱强度等因素的关联性。

（4）数值模拟

采用 UEDC 数值模拟软件分析基本顶回转过程中沿空巷道顶板位移场和应力场的演化规律，并揭示顶板不对称破坏与基本顶断裂位置的关系。

采用 FLAC³ᴰ 数值模拟软件分析相邻工作面回采、巷道掘进和本工作面回采期间，综放沿空巷道顶板煤岩体应力场和位移场的时空演化规律，解算顶板在垂直方向与水平方向运移破坏的动态响应。

采用 FLAC³ᴰ 数值模拟软件分析顶板煤岩体变形破坏程度与支护参数的相互关系，确定 20103 巷道支护方案。

（5）工业性试验

在王家岭煤矿 20103 区段运输平巷进行工程实践，通过对巷道表面位移、围岩应力、围岩破碎情况的监测，验证本书研究成果的正确性。

本书将在深入矿山现场和国家重点实验室基础上，综合使用多种先进理论方法和实用技术手段并取其所长、相辅相成，对综放沿空煤巷顶板不对称矿压显现主控因素、变形破坏机制及控制理论与技术开展深入、细致的研究工作。

第 2 章　综放松软窄煤柱沿空巷道顶板不对称破坏特征

　　本章首先介绍了王家岭煤矿 20103 区段运输平巷地质生产条件、顶底板岩性、采掘关系及巷道原有支护方案,然后对 20103 区段运输平巷原有支护范围内围岩与支护体的不对称破坏的几何形态、严重程度和动态显现过程进行了现场监测,并对试验巷道顶底板煤岩体进行压缩、劈裂、剪切等力学试验,综合评价煤岩体力学性能。最后,总结和明晰了 20103 区段运输平巷围岩控制特点,为后面的理论研究和支护方案设计提供基础。

2.1　地质生产条件

2.1.1　矿井概况

　　王家岭井田位于山西省河东煤田乡宁矿区的西南部,西隔黄河与陕西省韩城矿区相望,行政区划隶属于乡宁县枣岭乡,由西坡镇管辖。地理坐标为北纬 $35°47'25''\sim35°57'36''$,东经 $110°33'34''\sim110°50'02''$。井田形态为北东—南西向分布的长条形,全井田南北宽 7.0 km,东西长约 25.8 km,面积约 180 km²。本井田的地质储量为 1 695.406 Mt,工业储量为 1 142.802 Mt,可采储量为 807.474 Mt。矿井设计生产能力为 6.00 Mt/a,矿井总服务年限 96.1 a。

　　井田呈现显著的西部地貌特征,坐落于吕梁山脉的南麓,属强烈侵蚀的高、中山区,区内地形较为复杂,沟壑纵横,地势总体南高北低、东高西低。山坡内有基岩出露,梁、峁区小坡较陡,坡度在 $25°\sim40°$ 之间,多呈"V"形山谷,区内地层大部分被第四系黄土层覆盖。井田总体构造为地层走向北东、倾向西和西北倾斜的单斜构造,并伴有宽缓的背向斜褶曲构造,断层众多且发育,其区域形成的聚煤沉积构造表明该区域构造应力复杂。

2.1.2　20103 工作面地质生产条件

　　王家岭煤矿 201 采区设计了 20101～20107 共 7 个工作面,工作面布置如

图 2-1所示。工作面采用综合机械化放顶煤开采方法,割煤高度为 3 m,放煤高度为 3.21 m。试验地点位于 20103 工作面,其北部为 20105 工作面采空区,南部为尚未开采的 20101 工作面(实体煤),东部为中央回风大巷、中央带式输送机大巷和中央辅助运输大巷,西部为井田边界。在实际采掘工程实践中,为满足矿井生产需求,20105 工作面回采结束后 43 d 便开始准备相邻的 20103 工作面回采系统,两系统间煤柱宽度设计为 8.0 m,工作面与巷道位置关系如图 2-1(b)所示。20103 和 20105 工作面倾向长度分别为 250 m 和 261 m,走向长度为 1 490 m,均属于大型综放工作面,采空区上覆岩层活动剧烈且滞后周期较长,所形成的侧向支承压力峰值高且影响范围大;且根据该矿生产经验及相关文献[84-85],采空区上覆岩层稳定时间应在 6～8 个月,2 个月时应处于顶板活动剧烈期。可见,20103 区段运输平巷掘进过程中必然受到上覆岩层回转、下沉运动的剧烈影响。

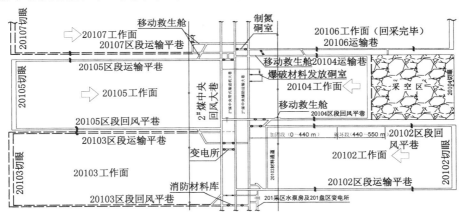

（a）201采区平面图

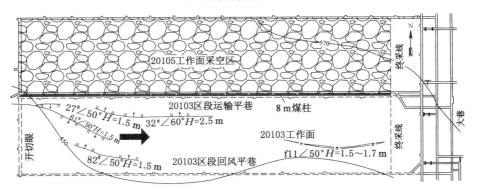

（b）20103 工作面与巷道位置关系

图 2-1　采掘工程平面图

20103 工作面主采 2# 煤,煤层赋存稳定,钻孔揭露煤层厚度为 6.03~8.50 m,平均厚度为 6.21 m,煤层倾角为 2°~5°,平均为 3°,煤层层理发育,节理一般,结构复杂,一般含 1~2 层碳质泥岩、泥岩夹矸,碎块-粉末状,裂隙较发育,在受构造影响地段煤层厚度变化较大;直接顶为砂质泥岩,灰黑色、泥质胶结,含植物化石,滑面发育,多发育薄层碳质泥岩,平均厚度为 2.0 m;基本顶为细砂岩,厚度为 6.43~12.50 m,平均厚度为 9.6 m,灰白色厚层状、细粒结构,钙质胶结,层面含暗色矿物,具平行层理和交错层理;底板为泥岩,厚度为 0.62~6.46 m,平均厚度为 1.61 m,灰白色、泥质结构,主要成分为黏土矿物、含丰富植物叶茎化石,断口平坦,易风化碎裂;基本底为细砂岩,平均厚度为 4.55 m,灰白色厚层状、细粒结构,钙质胶结,层面含暗色矿物,具平行层理和交错层理。20103 工作面煤层综合柱状图如图 2-2 所示。

2.1.3　20103 区段运输平巷原有支护方式

20103 区段运输平巷为矩形断面,为满足煤炭运输、行人、通风、运料等需求,巷道设计高度为 3.5 m,宽度为 5.6 m,断面面积达 19.6 m²,属于大断面巷道。巷道掘进初期,矿方根据以往巷道支护经验提出了锚网索联合支护方案,并在距终采线约 600 m 范围内使用,如图 2-3 所示。详细支护参数如下。

(1)顶板支护参数

顶板锚杆选用 $\phi 20$ mm×2 500 mm 的左旋螺纹钢锚杆,每排布置 6 根锚杆,中间 4 根锚杆垂直顶板布置,两侧锚杆向外倾斜 15°,锚杆间距为 1 000 mm,排距为 900 mm。每排 6 根锚杆选用长度为 5 300 mm、直径为 14 mm 的钢筋梯子梁连接;选用 $\phi 6$ mm 钢筋焊接成的长度为 2 800 mm、宽度为 1 000 mm、网孔尺寸为 100 mm×100 mm 的钢筋网用于表面岩体维护。锚杆安装时,每根锚杆使用 1 卷 Z2360 和 1 卷 CK2335 树脂药卷。锚杆托板规格为 150 mm×150 mm×6 mm。

顶板锚索选用 $\phi 17.8$ mm×6 250 mm 的钢绞线,钻孔深度为 6 000 mm,每排布置两根锚索,垂直顶板布置,相邻锚索间采用 W 型钢带连接。锚索间距为 2 000 mm,排距为 1 800 mm。每根锚索使用 1 卷 CK2335 和 2 卷 Z2360 树脂药卷。锚索托板规格为 300 mm×300 mm×16 mm。

(2)实体煤帮支护

实体煤帮选用 $\phi 20$ mm×2 000 mm 玻璃钢锚杆,每排布置 3 根,中间锚杆垂直于煤帮,其余两根锚杆向外侧倾斜 15°,相邻锚杆采用长度为 3 000 mm、直径为 10 mm 的钢筋梯子梁连接。锚杆间距为 1 200 mm、排距为 900 mm,每根锚杆使用 1 卷 Z2360 树脂药卷,锚杆托板为 150 mm×150 mm×6 mm 的碟形托盘。尼龙网用于表面围岩维护。

岩石名称	厚度/m	岩柱性状	岩性描述
细砂岩	5.56	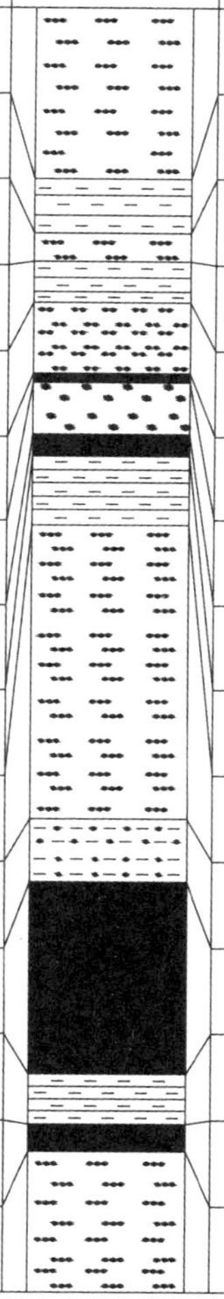	浅灰白色,长石为主,有暗色物质,黏土质胶结。
泥岩	1.75		灰黑色,鲕状结构,含有灰绿色岩屑。
细砂岩	0.9		浅灰色,以石英为主,含有植物化石碎屑,局部有缓波状层理。
泥岩	1.32		灰黑色,鲕状结构,含有灰绿色岩屑。
中砂岩	2.3		灰白色,以石英长石为主,错动节理较发育。
煤	0.3		黑色,半亮型,条带状结构。
粗砂岩	1.68		浅灰白色,以石英为主,有少量云母碎片。
煤	0.72		黑色,油脂光泽,半亮型。
泥岩	2.3		灰黑色,鲕状结构,含有灰绿色岩屑。
细砂岩	9.6		灰白色,以石英长石为主,局部有少许云母碎片。
砂质泥岩	2.0		灰黑色,鲕状结构,含有少量石英石。
2#煤	6.21		黑色,油脂光泽,半亮型。
泥岩	1.61		灰白色,以石英长石为主,错动节理较发育。
3#煤	0.88		黑色,半亮型,条带状结构。
细砂岩	4.55		灰白色,以石英长石为主,局面有少许云母碎片。

图 2-2　20103 工作面煤层综合柱状图

（3）煤柱帮支护

煤柱帮选用 ϕ18 mm×2 000 mm 圆钢锚杆,中间锚杆垂直于煤帮,其余两根锚杆向外侧倾斜 15°,相邻锚杆采用长度为 3 000 mm、直径为 10 mm 的钢筋梯子梁连接。锚杆间距为 1 200 mm、排距为 900 mm,每根锚杆使用 1 卷 Z2360 树脂药卷,锚杆托板为 150 mm×150 mm×6 mm 的碟形托盘。尼龙网用于表面围岩维护。

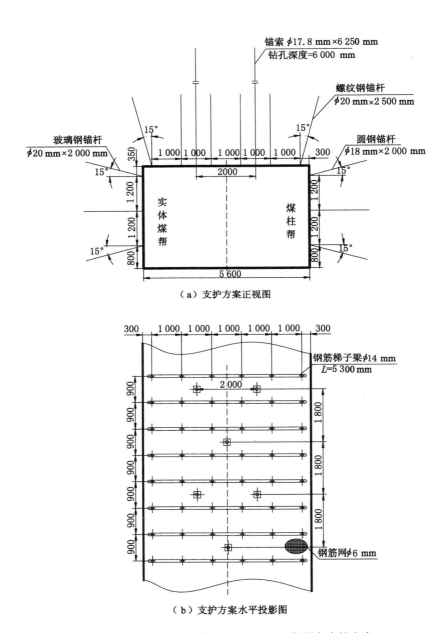

（a）支护方案正视图

（b）支护方案水平投影图

图 2-3　20103 区段运输平巷 0～600 m 段原有支护方案

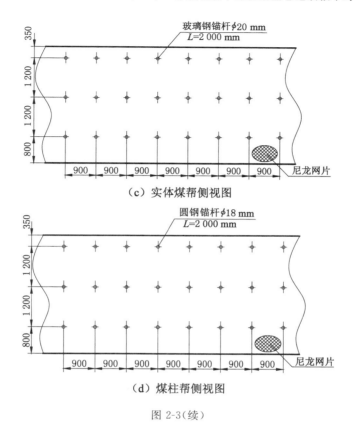

（c）实体煤帮侧视图

（d）煤柱帮侧视图

图 2-3（续）

2.2　综放沿空巷道顶板不对称破坏特征

上述支护方案在 20103 区段运输平巷 0～600 m 范围内使用，由于受到相邻 20105 工作面覆岩运动及其引起的高支承压力影响，巷道掘出后不到一周，顶板和两帮即出现强烈变形和破坏，顶板变形尤其剧烈，顶板不对称下沉和水平挤压错动变形突出，靠煤柱侧顶板围岩破碎局部存在冒漏和台阶下沉现象。为详尽地掌握 20103 区段运输平巷在原有支护条件下围岩变形破坏状况，对试验巷道围岩维护状况进行现场观测，包括围岩收敛变形、内部裂隙发育特征、顶板离层情况等。

2.2.1　顶板不对称变形破坏实测

2.2.1.1　顶板变形量大、不对称变形突出
因巷道煤体自身裂隙发育且长期受覆岩运动影响，巷道开掘初期，顶板就发

生明显下沉且呈不对称特征,靠煤柱侧顶板下沉量可达 360 mm,靠实体煤侧顶板下沉量约 150 mm;靠煤柱侧顶板严重破碎,表层形成明显网兜,局部甚至出现冒漏顶现象。20103 区段运输平巷顶板不对称下沉及围岩特性如图 2-4 所示。

（a）靠煤柱顶板严重下沉　　　　　　（b）巷道顶板围岩破碎

图 2-4　20103 区段运输平巷顶板不对称下沉及围岩特性

2.2.1.2　水平挤压错动变形显著

顶板岩层存在强烈水平运动,导致岩层间相互挤压错动形成了明显挤压破碎带,破碎带沿巷道走向延伸 10～34 m;由于传统支护结构无法适应顶板强烈水平运动,导致 W 型钢带严重弯曲而发生"脱顶失效"、钢筋托梁弯曲失效、金属网撕裂等现象严重,如图 2-5 所示。

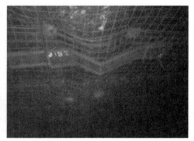

（a）沿巷道走向延伸的挤压破碎带　　（b）岩层挤压造成 W 型钢带"脱顶失效"

图 2-5　20103 区段运输平巷顶板水平错动挤压变形

2.2.1.3　煤柱帮及顶角部位滑移破坏严重

煤柱帮呈现大面积的整体外移变形,最大变形量近 200 mm;巷道靠煤柱侧的顶角区域煤体异常破碎,网兜现象突出,直接顶与煤柱之间有滑移、错位、嵌入、台阶下沉等现象,致使钢筋网和梯子梁严重变形甚至剪断,如图 2-6 所示。

2.2.1.4　变形持续时间长

巷道自掘出至开挖后 3 个月内,变形破坏持续发展且时常会听到"煤炮"声

（a）煤柱帮明显挤出变形　　　　　（b）直接顶与煤柱间错位、台阶下沉

图 2-6　20103 区段运输平巷煤柱帮及顶角部位滑移破坏

响,表明上覆岩层一直处于运动状态;巷道围岩处于长期蠕变状态,巷道变形完全稳定时间超过 120 d,如图 2-7 所示。1# 测站位于掘进通尺 70 m 处,自巷道掘出至成巷 120 d,顶底板和两帮变形量持续增长,顶底板变形量最大,收敛变形可达412 mm,两帮移近量达 306 mm,平均变形速率分别为 3.43 mm/d 和 2.55 mm/d,巷道掘出 120 d 后,围岩变形才逐渐趋于缓和。2# 测站位于掘进通尺 230 m 处,巷道变形规律同 1# 测站,顶底板移近量达到 392 mm,两帮移近量达 287 mm,需要指出的是巷道掘出后 87 d 因铺地作业致使监测数据出现跌落。

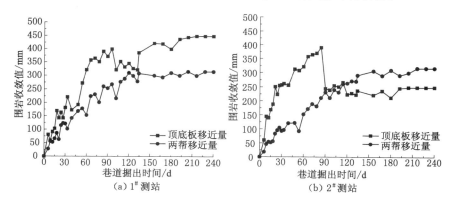

（a）1# 测站　　　　　　　　　（b）2# 测站

图 2-7　20103 区段运输平巷围岩收敛变形曲线

2.2.1.5　不对称矿压显现区位特征

　　课题组人员于 2014 年 9 月 4 日对 20103 区段运输平巷 0～600 m 范围内巷道围岩与支护体不对称矿压显现的几何位态、严重程度、显现特征进行现场调研,得到巷道围岩变形破坏区位特征如图 2-8 所示,具体观测数据如表 2-1 所列。由图 2-8 和表 2-1 可知:从巷道变形破坏区段来说,发生严重变形破坏的巷

道区段达 290 m,占巷道总长度的 51.8%;矿压显现主要发生于巷道靠煤柱侧顶角部位、靠煤柱侧巷道顶板、煤柱帮中上部 3 个关键位置,分别占到 45.2%、25.8%、22.6%。

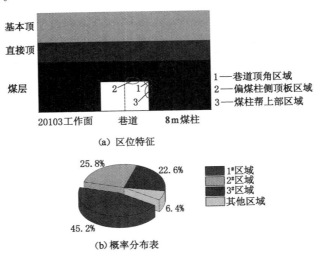

(a) 区位特征

(b) 概率分布表

图 2-8　20103 区段运输平巷围岩变形破坏区位特征

表 2-1　20103 区段运输平巷 0~600 m 范围内矿压显现情况

巷道区段	几何区域	显现特征
20~30 m	靠近煤柱帮侧顶板,巷道中线偏煤柱侧0.2 m 处	形成挤压破碎裂缝带,破碎带走向延伸长度为8 m,由于挤压变形程度较低未形成网兜
30~50 m	煤柱帮距底板 1 m 高度处	煤柱帮发生严重挤出变形,位移量近 300 mm,钢筋梯子梁弯曲
40~60 m	靠煤柱侧顶角区域	围岩异常破碎,破碎岩体形成网兜,网兜沿走向长度约为 15m
80~100 m	巷道中心线偏实体煤侧 0.1 m 处	形成走向挤压破碎带,破碎带下沉形成网兜,网兜高度约为 200 mm
150~170 m	顶板整体下沉	该区域内巷道高度仅为 3.1 m,两帮间距为 5.3 m
160~200 m	靠煤柱侧顶角区域	围岩异常破碎,破碎岩体形成网兜,网兜沿走向长度约为 32 m,网兜高度约为 300 mm
200~230 m	靠煤柱侧顶板区域	围岩异常破碎,形成了多个网兜,网兜高度为200~300 mm
	实体煤帮距底板 400 mm 处	发生明显挤出变形,位移量约为 200 mm

表 2-1(续)

巷道区段	几何区域	显现特征
230～240 m	靠煤柱侧顶角区域	围岩异常破碎,破碎岩体形成网兜,网兜沿走向长度约为 10 m,网兜高度约为 300 mm
250～280 m	巷道中线区域	存在明显挤压碎裂带,网兜高度约为 350 mm,网兜沿走向长度为 15 m
300～320 m	实体煤帮距底板 400 mm 处	煤帮发生整体外移,变形量约为 350 mm,沿走向延伸 20 m
320～350 m	巷道中线区域	存在明显挤压碎裂带,网兜高度约为 350 mm,网兜沿走向长度为 18 m
350～370 m	靠煤柱侧顶角部位	围岩异常破碎,破碎岩体形成网兜,网兜沿走向长度约为 12 m,网兜高度约为 300 mm
	实体煤帮	煤帮发生整体外移,变形量约为 350 mm,沿走向延伸 5 m
	顶板中部区域	存在明显挤压碎裂带,网兜高度约为 350 mm,网兜沿走向长度为 18 m
420～450 m	实体煤帮	存在明显挤压碎裂带,网兜高度约为 350 mm,网兜沿走向长度为 12 m
500～520 m	巷道中线偏煤柱侧 0.2 m 处	围岩异常破碎,破碎岩体形成网兜,网兜沿走向长度约为 25 m,网兜高度约为 250 mm

2.2.2 顶板围岩内部裂隙发育特征

为了解围岩内部裂隙发育情况,选取典型断面对顶板进行钻孔窥视。监测时,断面距离掘进头约 130 m。每个断面布置 9 个钻孔,钻孔设计深度为 15 m,采用锚索机钻孔。20103 区段运输平巷顶板钻孔布置如图 2-9 所示。

岩层裂隙可分为横向裂隙和纵向裂隙,横向裂隙演化为离层、错位,纵向裂隙演化为断裂破碎带。以 500 mm 为基本测量单位绘制顶板裂隙分布情况如图 2-10 所示。其中,2#、4#、7#、8# 钻孔内裂隙发育如图 2-11 所示。由图 2-10 和图 2-11 可知:① 顶板裂隙发育明显不对称。靠实体煤侧顶板(1#～5# 钻孔)裂隙发育高度为 2.5 m,集中于顶煤区域;而靠煤柱侧顶板(6#～9# 钻孔)裂隙发育延伸至基本顶深部,7# 钻孔裂隙发育至深部 7 m 处,8# 钻孔裂隙发育至深部约 4 m 处。② 2# 和 4# 钻孔内裂隙主要以 0～2.5 m 范围内横向裂隙和离层

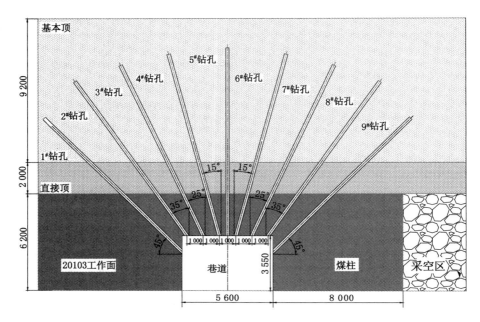

图 2-9　20103 区段运输平巷顶板钻孔布置图

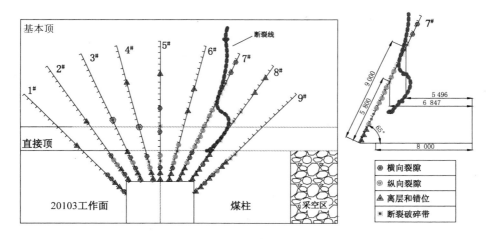

图 2-10　顶板裂隙分布情况

为主,而 7# 和 8# 钻孔内裂隙可分为 0～3.0 m 范围内的横向裂隙/离层发育区, 4.9～12.3 m 范围内纵向裂隙发育区。浅部横向裂隙发育是巷道开挖扰动作用形成的,而深部纵向裂隙发育主要是基本顶破断回转作用造成的。③ 根据钻孔长度、倾角及破碎区范围确定基本顶断裂位置距采空区 5.496～6.847 m。

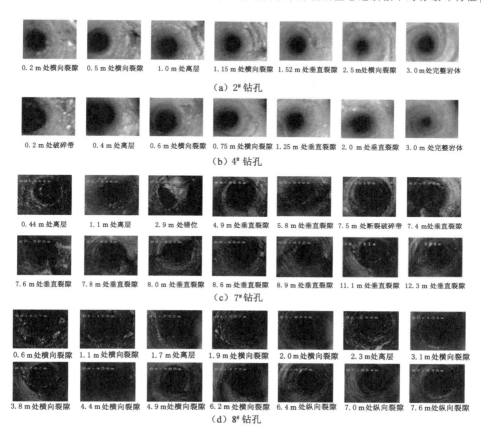

| 0.2 m处横向裂隙 | 0.5 m处横向裂隙 | 1.0 m处离层 | 1.15 m处横向裂隙 | 1.52 m处垂直裂隙 | 2.5 m处横向裂隙 | 3.0 m处完整岩体 |

（a）2# 钻孔

| 0.2 m处破碎带 | 0.4 m处离层 | 0.6 m横向裂隙 | 0.75 m处横向裂隙 | 1.25 m处垂直裂隙 | 2.0 m处垂直裂隙 | 3.0 m处完整岩体 |

（b）4# 钻孔

| 0.44 m处离层 | 1.1 m处离层 | 2.9 m处错位 | 4.9 m处垂直裂隙 | 5.8 m处垂直裂隙 | 7.5 m处断裂破碎带 | 7.4 m处垂直裂隙 |

| 7.6 m处垂直裂隙 | 7.8 m处垂直裂隙 | 8.0 m处垂直裂隙 | 8.6 m处垂直裂隙 | 8.9 m处垂直裂隙 | 11.1 m处垂直裂隙 | 12.3 m处垂直裂隙 |

（c）7# 钻孔

| 0.6 m处横向裂隙 | 1.1 m处横向裂隙 | 1.7 m处离层 | 1.9 m处横向裂隙 | 2.0 m处横向裂隙 | 2.3 m处离层 | 3.1 m处横向裂隙 |

| 3.8 m处横向裂隙 | 4.4 m处横向裂隙 | 4.9 m处横向裂隙 | 6.2 m处横向裂隙 | 6.4 m处纵向裂隙 | 7.0 m处纵向裂隙 | 7.6 m处纵向裂隙 |

（d）8# 钻孔

图 2-11　不同钻孔内裂隙发育情况

　　综上分析可知,受相邻 20105 工作面覆岩运动和巷道开掘影响,20103 区段运输平巷顶板呈现明显的不对称破坏特征,巷道维护状况较差,且受本工作面回采引起的超前支承压力影响,巷道围岩条件和维护状况会进一步恶化,对综放工作面的正常开采造成严重威胁。

2.2.3　煤岩体物理力学性能测试与评价

　　煤岩体的物理力学性能是影响巷道围岩稳定性的最直接因素,尤其对于 20103 区段运输平巷而言,巷道两帮和顶板均为松软煤体,在动压作用下极易破碎呈粉末状。基于此,课题组进行了现场煤岩样采集,并进行物理力学性质测试,以期为巷道顶板不对称破坏机制分析和调控系统设计提供理论依据。

2.2.3.1　试件准备

　　在 20103 区段运输平巷进行煤岩样采集工作,应保证采集区域围岩不存在断层、破碎带等地质构造,且围岩条件良好、便于取样、不会对采掘造成影响。现场采集大块煤岩体,然后密封保存运送至实验室,并经取芯、钻孔、切片、磨平操作获取试件。物理力学试验包括密度试验、单轴压缩与变形试验、劈裂试验和抗剪强度试验,为此,煤岩样试件尺寸分为单轴抗压试件(ϕ50 mm×100 mm 圆柱体)、劈裂试件(ϕ50 mm×25 mm 圆盘)和抗剪强度试件(50 mm×50 mm×50 mm立方体)。部分制作完成的试件如图 2-12 所示。

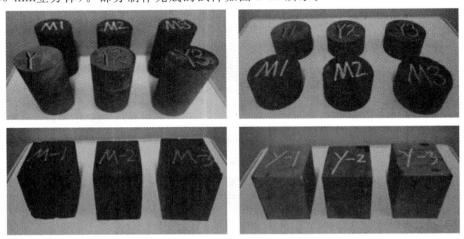

图 2-12　部分制作完成的试件

2.2.3.2　测试结果

　　王家岭煤矿煤岩样物理力学性质测定结果如表 2-2 所列。破坏后的煤岩样照片如图 2-13 所示。部分煤岩样的应力-应变曲线如图 2-14 所示。煤岩样的剪应力与正应力关系曲线如图 2-15 所示。对顶底板围岩力学性能分析总结如下:

表 2-2　煤岩样物理力学性质测定结果

岩性	密度/(kg/m³)	抗拉强度/MPa	单轴抗压强度/MPa	弹性模量E/MPa	泊松比	黏聚力/MPa	内摩擦角/(°)
2#煤	1 412.62	1.046	13.89	2 062.39	0.362	2.313 1	44.34
砂质泥岩	2 659.10	7.597	63.28	11 579.69	0.271	8.890 0	47.39
泥岩	2 140.00	2.340	44.64	6 803.34	0.240	2.643 0	32.35
粉砂岩	2 680.00	16.890	142.34	30 729.14	0.220	9.400 0	39.23

（a）单轴压缩破坏后的煤样　　　　　　（b）单轴压缩破坏后的岩样

（c）劈裂试验破坏后的煤样　　　　　　（d）劈裂试验破坏后的岩样

图 2-13　破坏后的煤岩样照片

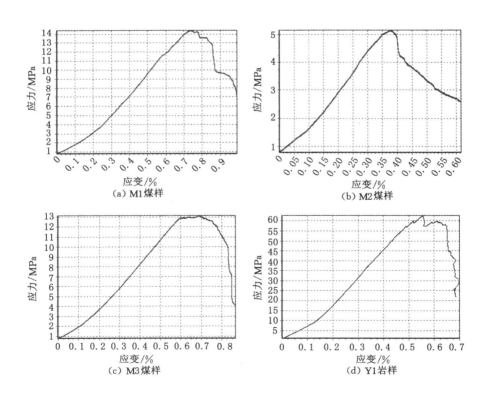

图 2-14　部分煤岩样的应力-应变曲线

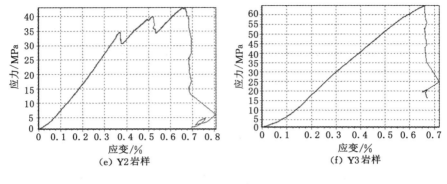

(e) Y2岩样　　　　　　　　　(f) Y3岩样

图 2-14(续)

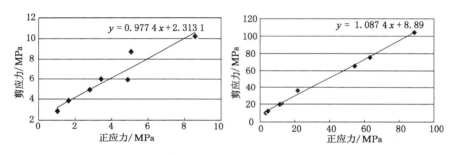

图 2-15　煤岩样剪应力与正应力关系曲线

（1）2#煤单轴抗压强度为 13.89 MPa，远远小于顶底板岩石单轴抗压强度，属于软弱煤层；抗拉强度为 1.046 MPa，黏聚力为 2.313 1 MPa，弹性模量为 2 062.39 MPa，强度偏低，不利于支护。需要指出的是，2#煤整体节理裂隙发育，软弱易碎，煤样在加工过程中破碎严重。由图 2-14 可知，随着煤体应变增长，煤体强度近似呈线性增长，达到峰值强度后，随着应变进一步增长，煤体强度逐渐降低，具有一定的塑性特征。

（2）2#煤直接顶为砂质泥岩，平均层厚为 2.0 m，在试件加工和试验过程中，砂质泥岩表现出非均质性和不连续性，各向异性明显，岩样中有较硬的煤核或岩核，试件加工遇水沿层理开裂，成品率低。单轴抗压强度平均 63.28 MPa，抗拉强度为 7.597 MPa，黏聚力为 8.89 MPa。力学测试结果表明，直接顶的抗压、抗剪、抗拉强度均较高，岩层相对稳定，可作为巷道顶板支护的锚固层。

（3）粉砂岩在试件加工过程中表现出较好的完整性，取芯较为完整，成型较好，岩体较为坚硬，有少量节理。单轴抗压强度达到 142.34 MPa，抗拉强度达到 16.89 MPa，黏聚力达到 9.4 MPa，表明基本顶岩层稳定性可作为锚索锚固基础。

（4）底板泥岩在试验制作过程中表现出明显的不连续性，岩体易破碎，试件成型困难。岩体单轴抗压强度为 44.64 MPa，抗拉强度为 2.34 MPa，底板岩层具有一定的强度。此外，现场调研发现底板岩层具有遇水泥化性质，在浸水条件下呈黏状物状态（见图 2-16），围岩强度大幅降低，甚至丧失承载能力。

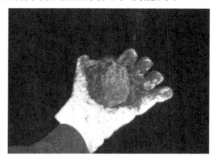

图 2-16　底板泥岩夹层遇水软化特征

2.3　综放沿空巷道顶板不对称破坏主控因素初步分析

由现场调研、矿压实测及煤岩样物理力学性质试验可知，20103 区段运输平巷具有大断面、软弱煤体、窄煤柱、采动影响等维护难点，这些因素均不同程度增大了巷道维护难度并最终诱发了顶板不对称下沉和强烈挤压错动变形，见图 2-17。

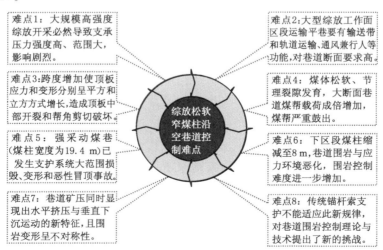

图 2-17　综放松软窄煤柱沿空巷道控制难点

（1）多次强烈动压影响。王家岭井田的含煤地层为石炭-二叠系，煤层上覆岩层胶结性较好、强度较高、致密、性脆；王家岭煤矿采用综合机械化放顶煤方法开采 2# 煤，割煤高度为 3.0 m，放煤高度为 3.2 m，工作面倾斜长度为 250 m，走向长度为 1 490 m，属于高强度开采工作面。大型综放开采必将导致上覆岩层大范围运动，由此引起的支承压力峰值高且范围大，回采巷道必将受到强烈动压影响，如该矿 20102 区段运输平巷、20106 区段运输平巷、20104 区段回风平巷等多条巷道受超前支承压力或侧向支承压力影响均出现过强烈矿压显现，影响巷道正常掘进及工作面回采。图 2-18 为 20102 区段回风平巷先后受相邻 20104 工作面采动和本工作面超前采动影响发生大面积冒顶事故的现场实照。而 20103 区段运输平巷在 20105 工作面回采结束后 43 d 开始掘进，此时正处于上覆岩层剧烈活动期，综放沿空煤巷必然受到上覆岩层回转下沉运动影响；在本工作面回采过程中，受超前支承压力作用，巷道变形破坏将进一步加剧，增加了巷道维护难度。可见，多次强烈采动应力是 20103 区段运输平巷破坏失稳的重要因素。

（a）恶性冒顶造成巷道全断面阻塞　　　　　（b）煤柱帮严重垮塌、锚杆悬漏

图 2-18　20102 区段回风平巷围岩及支护体破坏的现场实照

（2）煤体软弱，裂隙发育，强度低。由力学试验可知，2# 煤强度较低且裂隙发育，内含 1～3 层软弱泥岩夹矸，完整性差，在采掘作用下易发生变形碎裂，如图 2-19 所示。20103 区段运输平巷沿巷道底板掘进，巷道顶板和两帮均为松软破碎煤体，巷道上方赋存 2.70～3.25 m 顶煤，由于顶煤厚度大且难以形成结构，与锚杆直接作用范围相近，在强采动作用下极易发生离层或局部冒顶事故，造成安全隐患。

（3）松软窄煤柱。在王家岭煤矿以往的开采实践中，最为常用的煤柱宽度为 18～22 m，为提高煤炭资源回收率，矿方在 20103 综放工作面首次试用 8 m 窄煤柱。8 m 煤柱条件下沿空巷道围岩能否保证完整性，且在相邻工作面覆岩运动及本工作面超前采动影响下能否保障巷道安全畅通，有待进一步研究和分

图 2-19 2#煤层松软、破碎特性

析。就 20103 区段运输平巷 0～600 m 范围内矿压显现特征而言,8 m 煤柱发生了严重挤出变形,表面围岩严重破碎、网兜明显(见图 2-20),此外煤柱宽度减少使得自身承载能力降低,亦降低了煤柱对基本顶回转下沉运动的抑制作用,使得顶板受侧向基本顶回转运动影响而出现沿水平方向的挤压变形。

（a）煤柱帮挤出变形　　　　（b）煤柱帮表面网兜

图 2-20 20103 区段运输平巷煤柱挤出变形

（4）巷道大断面。20103 区段运输平巷同时担负着煤炭运输、通风、行人、运料等任务,为保证综放工作面的正常作业,巷道掘进宽度设计为 5.6 m、高度为 3.5 m,断面面积近 20 m² ,属于大断面巷道。研究表明,巷道断面的增大将导致巷道围岩应力环境恶化:一方面,随着巷道跨度增大,巷道顶板梁弯矩显著增大,导致顶板岩层拉应力提高,岩层离层、冒落风险增大;另一方面,顶板岩层重量开始向两帮转移,导致两帮应力高度集中,塑性区范围增大,巷道维护难度增大。

（5）顶板岩层剧烈水平运动。20105 综放工作面实体煤采出后,上覆岩层在综放工作面端头破断形成弧形三角块结构,弧形三角块的回转下沉将直接影响沿空巷道矿压显现特征。20103 区段运输平巷掘进时正处于上覆岩层剧烈活动期间,加之 20103 区段运输平巷与 20105 综放工作面采空区间的煤柱宽度仅为 8 m,巷道围岩将明显受到上覆岩层运动的影响。弧形三角块运动在沿空巷道的影响分为两个方面:沿垂直方向上造成不均衡的支承压力分布,致使巷道浅部顶板出现不对称下沉;沿水平方向上引发水平方向挤压力造成浅部岩层挤压错动,沿巷道走向出现狭长挤压破碎带并造成支护结构失效。

2.4　本章小结

本章采用现场调研、现场实测、物理力学试验等方法对 20103 区段运输平巷顶板不对称破坏特征进行调研和初步分析,得出如下结论:

(1)以巷道中心线为轴,综放松软窄煤柱沿空巷道顶板呈现不对称破坏特征:① 沿垂直方向,靠煤柱侧顶板严重下沉乃至局部冒漏顶,直接顶与煤柱之间存在滑移、错位、嵌入、台阶下沉等现象;② 沿水平方向,顶板岩层水平运动剧烈,存在围岩错动形成的明显挤压破碎带,并进而导致了 W 型钢带和钢筋托梁弯曲失效、金属网撕裂等现象;③ 围岩变形破坏主要发生于巷道的靠煤柱侧顶角、靠煤柱侧巷道顶板、煤柱帮中上部 3 个关键位置,分别占到 45.2%、25.8%、22.6%。

(2)围岩内部裂隙发育监测结果表明:靠实体煤侧顶板裂隙多以浅部发育的横向裂隙及离层和错位为主,而煤柱侧顶板裂隙可分为浅部(0～3.0 m 范围)横向裂隙/离层发育区和(4.9～12.3 m 范围)走向裂隙发育区(局部区域裂隙完全贯通形成断裂破碎带);根据钻孔长度、倾斜角度及破碎区范围,确定基本顶断裂位置距采空区 5.496～6.847 m。

(3)2# 煤强度较低,单轴抗压强度仅为 13.89 MPa,节理裂隙发育,属软弱煤层,在采掘作用下易发生变形碎裂;20103 区段运输平巷沿巷道底板掘进,巷道顶板和两帮均为松软破碎煤体,巷道上方赋存 2.70～3.25 m 顶煤,在强采动作用下极易发生离层或局部冒顶事故。

(4)20103 区段运输平巷围岩维护难点总结如下:① 煤层强度较低、完整性差,在采掘作用下易发生变形碎裂诱发冒顶、垮帮事故;② 高强度开采引起采动影响范围大,支承压力高,致使沿空巷道矿压显现剧烈;③ 8 m 窄煤柱条件下沿空巷道围岩条件和受力环境恶化,促使顶板发生显著的不对称破坏;④ 巷道断面增大使得顶板岩层拉应力增大,岩层离层和冒落危险增大,并造成两帮破坏和塑性区增大;⑤ 上覆岩层回转运动使得沿空巷道顶板受到沿垂直方向上的不均衡支承压力和水平方向上的挤压力,两者共同造成了顶板不对称下沉和水平变形。

第 3 章　综放沿空巷道覆岩结构特征及其与顶板不对称矿压关系

本章主要研究综放松软窄煤柱沿空巷道覆岩结构特征及其与顶板不对称变形破坏的关系。首先,根据顶板岩层运动理论和地质生产条件确定关键块的空间位置,并通过理论计算确定关键块结构的几何尺寸(长度、厚度和破断位置);其次,建立综放沿空巷道上覆岩层不对称梁结构整体力学模型,深究采动影响条件下顶板沿垂直方向、水平方向的失稳准则和判据;最后,建立 UDEC 数值计算模型揭示综放沿空巷道顶板灾变失稳过程,并阐明基本顶结构回转运动及破断特征与沿空巷道顶板不对称矿压显现的定量关联程度。

3.1　综放沿空巷道上覆岩层结构特征

3.1.1　高强度开采综放面覆岩结构形态

由矿山压力与岩层控制理论可知,随着工作面由开切眼开始往前推进,顶板岩层悬露面积逐渐增大,当推进到一定程度时,采空区内直接顶岩层首先发生不规则垮落,体积膨胀并充填采空区,然后随着工作面继续推进,当悬顶面积达到极限步距时,上部基本顶发生"O-X"破断,形成初次来压,并与相邻破断岩块相互咬合形成稳定的平衡的砌体梁结构;此后,随着工作面继续推进,基本顶岩层将发生周期性破断[86-87],如图 3-1 所示。与此同时,在工作面端部,基本顶岩层破断形成了一端位于侧向实体煤上,另一端位于采空区冒落矸石上的侧向破断岩块 B,其受到相邻岩块水平推力作用而保持稳定,形成沿空煤巷大结构。

近年来,随着综放开采工艺的不断完善及回采设备大型化、自动化程度的提高,大型集约化综放开采已成为我国厚及特厚煤层高产高效安全开采的重要发展方向。高强度开采工作面一般具有采场尺寸大、工作面推进速度快、回采效率高等特点,因一次采出煤量成倍增加,致使采空区充填范围大幅增加,煤层上部的岩梁作为直接顶呈不规则垮落,更上部的岩层才能形成平衡结构[88-90];加之工作面推进速度快致使上覆岩层无法及时垮落,使得初次来压和周期来压步距

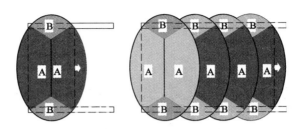

图 3-1 常规开采条件下覆岩空间结构特征

增大。上述两方面因素相互作用使得高强度开采过程中破断岩块的高度、厚度、长度均增大,高强度开采条件下覆岩空间结构特征如图 3-2 所示。因破断岩块尺寸的增大,其上加载的覆岩载荷增大,工作面来压时矿压显现更为剧烈,支架阻力更大。相应的,沿工作面倾向,侧向关键块 B 的几何尺寸亦会发生一定改变,从而对下部沿空巷道围岩稳定性造成影响。

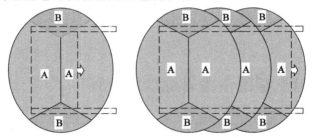

图 3-2 高强度开采条件下覆岩空间结构特征

王家岭煤矿 201 采区综放工作面开采煤层厚度为 5.79~7.77 m,直接顶厚度仅为 2 m,工作面走向长度达 1 490 m,倾向长度为 230~260 m,工作面推进速度达 8~12 m/d,属于高强度开采工作面。下部煤体采出后,采场覆岩结构运动及其形成的结构将不同于常规综放工作面,尤其是侧向关键块 B 的空间位置和几何尺寸特征将直接影响沿空巷道的稳定性。

3.1.2 20103 区段运输平巷侧向顶板破断结构判定

众所周知,综放沿空巷道矿压显现特征与上覆关键层的结构形态及其运动特征密切相关,尤其是煤层上方基本顶对巷道矿压显现起着主要控制作用[91]。由采场覆岩运动的"三带"理论可知,上覆岩层中垮落带、裂隙带和弯曲下沉带的区位特征取决于下部煤层开采厚度,而关键层在"三带"中的位置决定了关键层破断后形成的结构状态和运动形式[92]。以往研究表明,在厚及特厚煤层综放开采或大采高开采过程中,因煤体一次性采出量大、形成的采出空间大,致使上部岩层大范围内剧烈活动,在常规开采高度下可形成砌体梁结构的关键层在开采高度增大的情况下可能因回转下沉变形较大而形成悬臂梁结构,但更高位岩层仍可形成稳定的砌体梁结构[89-90]。可见,关键层破断形成的空间结构与赋存状态取决于开采煤层的高度及关键层在覆岩中的位置两个因素。王家岭煤矿 $2^{\#}$ 煤层厚度为 6.2 m,局部煤层厚度可达 7.77 m,而直接顶平均厚度仅为 2.0 m,下部煤体采出后上部基本顶能否形成稳定砌体梁结构是首要解决的问题。

岩层破断后呈悬臂梁结构主要原因在于破断岩块发生的可能回转量 Δ 大于维持其可形成稳定结构的最大回转量 $\Delta_{\max}$,即岩层破断后形成悬臂梁结构的临界条件为[91]:

$$\Delta > \Delta_{\max} \tag{3-1}$$

基本顶破断后的回转运动示意图如图 3-3 所示。图中,M 为开采煤层厚度,h 为基本顶厚度,q 为岩层受到的覆岩载荷。根据矿山压力与岩层控制理论可知,下部煤体采出后,直接顶垮落后与上部岩层形成的空间高度,即岩层可能回转量可由式(3-2)表示:

$$\Delta = M(1 - \eta) + (1 - K_{\mathrm{p}}) \sum h_i \tag{3-2}$$

式中　Δ——垮落岩体与基本顶岩层间的高度;

　　　K_{p}——垮落直接顶岩体碎胀系数;

　　　$\sum h_i$——基本顶与煤层间岩层厚度;

　　　η——煤炭损失率。

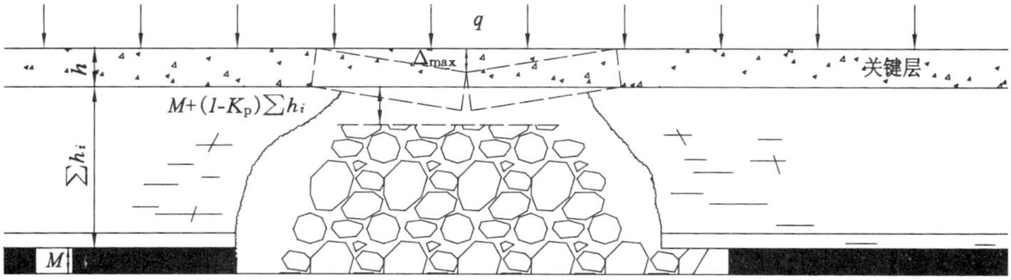

图 3-3　基本顶破断回转运动示意图

根据矿山压力与岩层控制理论可知,岩层破断后形成稳定砌体梁结构所允许的最大回转量 $\Delta_{\max}$ 为[89]:

$$\Delta_{\max} = h - \frac{qL_0^2}{kh\sigma_{\mathrm{c}}} \tag{3-3}$$

式中　L_0——岩层的破断长度,其取值可由矿压观测数据求得;

　　　k——无量纲系数($k = 0.1h$);

σ_c——岩层抗压强度,其值取为实验室力学参数的 0.3 倍。

将式(3-2)和式(3-3)代入式(3-1)可得基本顶形成砌体梁结构的关系式为:

$$M(1-\eta)+(1-K_p)\sum h_i > h - \frac{qL_0^2}{kh\sigma_c} \qquad (3-4)$$

当满足式(3-4)时,基本顶将破断形成悬臂梁结构,否则将破断形成砌体梁结构。由 20103 工作面地质生产条件知,煤层厚度 $M=6.2$ m,直接顶厚度 $\sum h_i=2.0$ m,基本顶岩层 $h=9.2$ m;由 20105 工作面矿压实测可知,工作面周期来压步距约为 17 m,即 L_0 取值为 17 m,直接顶碎胀系数 K_p 为 1.2,q 为 $7.0\sim7.5$ MPa$[=\gamma H=25$ kN/m³$\times(280\sim300)$ m$]$,基本顶单轴抗压强度 σ_c 取 42.69 MPa。将上面各个参数代入式(3-2)得到可能回转量 $\Delta=2.5$ m,代入式(3-3)可得基本顶破断形成稳定砌体梁所允许的最大回转量 $\Delta_{max}=3.6$ m,显然 $\Delta<\Delta_{max}$,因而下部煤体采出后综放面基本顶将会破断并与相邻块体铰接形成砌体梁结构。同样的,在综放工作面端头基本顶亦会破断形成砌体梁结构。20103 区段运输平巷覆岩结构模型如图 3-4 所示。

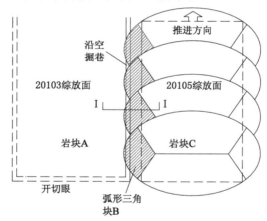

图 3-4 20103 区段运输平巷覆岩结构模型

3.1.3 20103 区段运输平巷侧向顶板结构尺寸特征

侧向岩块 B 的结构特征及其运动状态是沿空巷道稳定性的主控因素,明确侧向岩块 B 的几何特征及其与巷道矿压的关系是十分必要的。侧向岩块 B 的几何尺寸包括厚度、长度及其在侧向煤体内的断裂位置。由 20105 工作面的地质生产条件和矿压实测可知,侧向岩块 B 的厚度约为 9.2 m,其长度可根据式(3-5)确定[23]。

$$L = L_0 \left[\sqrt{(L_0/S)^2 + 3/2} - L_0/S \right] \tag{3-5}$$

式中　L_0——相邻综放工作面周期来压步距，m；

　　　S——相邻综放工作面长度，m。

由 20105 工作面地质生产条件和矿压规律实测可知，$L_0 = 17$ m，$S = 261$ m，代入式(3-5)计算得 $L \approx 19.74$ m。

侧向岩块 B 在煤体内的断裂位置受到多种因素影响，包括基本顶的厚度和强度、直接顶的厚度和强度、煤体厚度和强度、工作面开采尺寸等。本书将根据"内、外应力场"理论来确定基本顶在煤体内的断裂位置。由"内、外应力场"理论可知[93]，侧向岩块 B 破断后，上覆岩层传递到实体煤上的压力将以断裂线为界分为两部分，即断裂线与侧向煤壁间的"内应力场"(S_1)和断裂线深部区域的"外应力场"(S_2)，其中，内应力场范围内应力取决于断裂拱内岩层自重及其运动状况，围岩整体处于低应力状态，利于巷道维护；外应力场将承受上覆岩层重力及断裂拱外传递过来的附加应力，围岩处于高应力状态，如图 3-5 所示[94]。由此可知，内应力场的范围即为基本顶破断位置。

根据材料力学理论可知，在内应力场范围内距煤壁 x 处的煤体受到的垂直应力可表示为[95]：

$$\sigma_y = G_x y_x \tag{3-6}$$

式中　σ_y——距煤壁 x 处的煤体受到的垂直应力；

　　　G_x——距煤壁 x 处的煤体的刚度模量；

　　　y_x——距煤壁 x 处的煤体的压缩量。

由煤矿开采实践可知，煤壁由浅部向深部发展，煤体逐渐由二维受力状态转变为三维受力状态，煤体受到的水平应力逐渐增大，使得煤体的垂直压缩量逐渐减小，煤体压缩变形量在煤壁处达到最大压缩量。同理，水平应力也直接决定着煤体刚度模量的分布特征，煤壁由浅部向深部发展，煤体的刚度模量亦逐渐增大[94]。为简化计算，可将煤壁浅部一定范围内煤体压缩量和刚度模量变化进行线性处理，进而得到如下表达式：

$$\frac{y_x}{y_0} = \frac{x_0 - x}{x_0}, \frac{G_x}{G_0} = \frac{x}{x_0} \tag{3-7}$$

整理得：

$$y_x = \frac{y_0}{x_0}(x_0 - x), G_x = \frac{G_0}{x_0}x \tag{3-8}$$

式中　G_0——内应力场范围内煤体的最大刚度；

　　　y_0——采空区边缘煤体的压缩量；

　　　x_0——内应力场的范围。

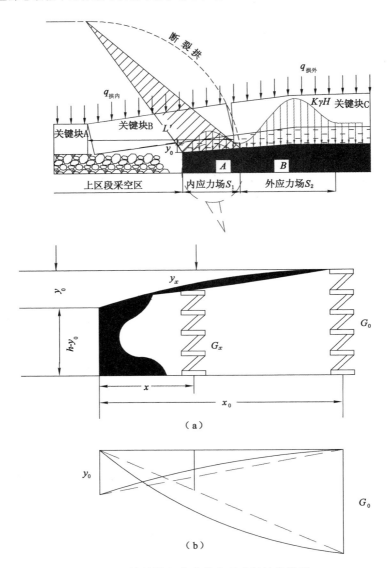

图 3-5　综放沿空巷道基本顶破断结构模型

内应力场范围内垂直应力 F 可积分表达如下：

$$F = \int_0^{x_0} \sigma_y \mathrm{d}x = \int_0^{x_0} G_x y_x \mathrm{d}x \qquad (3\text{-}9)$$

将式(3-8)代入式(3-9)，化简可得：

$$F = \frac{G_0 y_0}{x_0^2} \int_0^{x_0} x(x_0 - x)\mathrm{d}x = \frac{G_0 y_0 x_0}{6} \qquad (3\text{-}10)$$

由传递岩梁理论可知,工作面初次来压过程中,采场四周煤体上的垂直应力可近似等价于基本顶岩层的重量,由此可得:

$$F = \frac{G_0 y_0 x_0}{6} = SC_0 h\gamma \tag{3-11}$$

式中　S——工作面倾向长度;

　　　C_0——工作面初次来压步距;

　　　h——基本顶岩层厚度。

由图 3-5 可知,y_0,x_0 几何关系如下:

$$\frac{y_0}{x_0} = \frac{\Delta h}{L_0} \tag{3-12}$$

式中　Δh——基本顶岩层的最大下沉量;

　　　L_0——岩梁悬跨度,约等于综放工作面周期来压步距。

由矿山压力与岩层控制理论可知,基本顶最大下沉量表达式如下[96]:

$$\Delta h = M - \sum h_i (K_p - 1) \tag{3-13}$$

式中　M——采出煤层厚度;

　　　K_p——垮落直接顶岩体碎胀系数;

　　　$\sum h_i$——基本顶与煤层间岩层厚度。

由式(3-12)和式(3-13)可得煤体压缩量表达式为:

$$y_0 = \frac{x_0}{L_0} \left[M - \sum h_i (K_p - 1) \right] \tag{3-14}$$

处于塑性状态的煤体刚度 G_0 可表示为[97]:

$$G_0 = \frac{E}{2(1 + u)\xi} \tag{3-15}$$

式中　E——煤体的弹性模量;

　　　u——煤体的泊松比;

　　　ξ——煤体完整性系数,其与煤体内裂隙发育情况有关。

联立上述诸式可得内应力场的分布范围 x_0:

$$x_0 = \sqrt{\frac{12\gamma h SC_0 L_0 \xi (1 + u)}{E \left[M - \sum h_i (K_p - 1) \right]}} \tag{3-16}$$

由式(3-16)可知,内应力场范围的影响因素可以概括为 3 类:第一类为岩体几何参数,如直接顶厚度、煤层厚度和基本顶厚度;第二类为工程参数,如工作面倾向长度、周期来压步距和初次来压步距等;第三类为煤岩体物理力学性质参数,如煤体的弹性模量、完整性系数和垮落岩体的碎胀系数等。可见,式(3-16)可以较全面地反映多种因素对内应力场范围的影响。为进一步分析内应力场范

围对各个影响因素的响应特征,建立如下极限状态函数:

$$Z = f(M, h, \sum h_i, S, L_0, C_0, E, \xi) = (6.2, 9.2, 2, 260, 17, 32, 2.06, 0.8)$$

$$(3-17)$$

在下面的分析过程中,每次只改变影响因素集合中某个变量的赋值,其他变量取基本值,采用单因素分析法探讨各个因素对内应力场范围的影响,得到各因素对基本顶破断位置的影响规律如图 3-6 所示。总结如下:

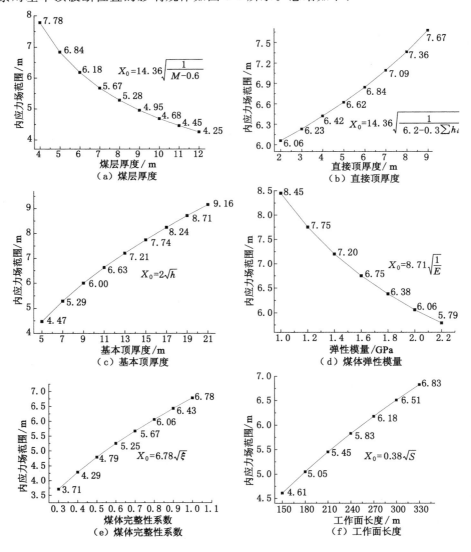

图 3-6 基本顶破断位置与各影响因素的关系

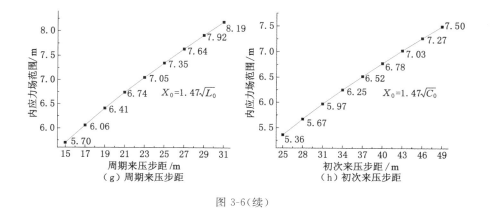

图 3-6（续）

（1）基本顶破断位置与煤层、直接顶和基本顶厚度的关系如图 3-6（a）~（c）所示。随着煤层厚度逐渐增加，基本顶破断位置与煤壁距离呈幂函数降低，即煤层厚度越大，基本顶破断位置越靠近煤壁；相反，随着直接顶和基本顶岩层厚度增大，基本顶破断位置与煤壁距离逐渐增大，即破断位置逐渐向煤体深部转移。

（2）基本顶破断位置与煤体弹性模量、完整性系数的关系如图 3-6（d）、（e）所示。随着煤体弹性模量增大，基本顶破断位置与煤壁距离逐渐减小；随着煤体完整性系数增大，煤体破断位置逐渐向煤体深部转移。换言之，煤体完整性越好、力学性能越良好，煤体提供的支撑阻力越大，煤体破断位置与煤壁距离越小。

（3）基本顶破断位置与工作面长度、周期来压步距和初次来压步距的关系如图 3-6（f）~（h）所示。由图可知，基本顶破断位置与工作面长度、初次来压步距和周期来压步距均呈幂函数增长关系；而由 3.1.1 节可知，相比常规工作面，高强度工作面具有工作面开采尺寸大、初次来压步距和周期来压步距大的特点，由此可知，高强度开采工作面侧向基本顶断裂位置将会向煤体深部转移。

由 20103 工作面地质生产条件可知：工作面倾向 $S = 260$ m，煤层厚度 $M = 6.2$ m，直接顶厚度 $\sum h_i = 2$ m，基本顶厚度 $h = 9.2$ m；岩体平均容重 $\gamma = 25$ kN/m^3，煤体弹性模量 $E = 2.06$ GPa，煤体泊松比 $u = 0.36$；初次来压步距 $C_0 = 32$ m，周期来压步距 $L_0 = 17 \sim 19$ m，$\xi = 0.8$。将上述参数代入式（3-16）得内应力场范围 x_0 为 $5.86 \sim 6.19$ m，即基本顶破断位置距采空区煤壁 $5.86 \sim 6.19$ m。此外，根据钻孔窥视结果可知，7$^\#$ 钻孔裂隙发育延伸至顶板深部约 10 m 处，钻孔 $5.8 \sim 9.1$ m 范围内纵向裂隙严重发育、贯通形成了狭长破碎带，亦充分证明基本顶破断发生在煤柱上方，验证理论计算结果的可行性。20103 区段运输平巷掘进期间上覆岩层结构模型如图 3-7 所示。

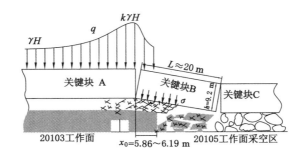

图 3-7　20103 区段运输平巷掘进期间上覆岩层结构模型

　　20103 区段运输平巷掘进时正处于采空区覆岩运动的剧烈运动期,巷道掘出后相当长的时间内都将受到关键块 B 回转运动的影响。在关键块 B 回转运动过程中,上覆岩层压力和岩块自重向深部岩体转移形成侧向支承压力 q,并对直接顶和顶煤施加回转变形压力 σ。关键块回转运动对沿空巷道围岩稳定性影响分析如下:

　　(1) 理论计算表明侧向岩块长度为 19.74 m,厚度达 9.2 m,基本顶岩梁自重及上覆载荷作用在岩梁上的总载荷较大,致使传递到下部煤体上的增量载荷增大,从而引起支承压力峰值和影响范围明显增大;20103 巷道区域煤体正处于支承压力影响范围内,在高支承压力长期反复作用下围岩裂隙发育,整体性遭受破坏,巷道开挖后围岩短时间内形成大范围破碎[15]。

　　(2) 侧向顶板在煤体内的破断位置距煤壁约 6 m,侧向顶板端部距煤壁约 15 m,因此顶板回转下沉运动过程必将引发较大的偏斜挤压力 σ。巷道顶板为软弱煤体,含 1～3 层泥岩夹矸,层面间黏结力低、结合性差,受此回转力矩作用,必将导致巷道直接顶和煤层薄弱岩层间的滑移、错动和膨胀变形。

　　(3) 20103 巷道与采空区间煤柱宽度仅 8 m,正处于支承压力的剧烈变化区,巷道附近煤岩体受到不均衡垂直应力作用;加之煤柱帮受围岩运动影响而产生较大塑性破坏,承载能力下降,其对顶板约束能力亦下降,而实体煤帮承载能力及对顶板约束能力要明显强于煤柱帮。上述应力分布和围岩力学性能的不均衡分布必然导致煤柱侧顶板严重下沉。

　　(4) 窄煤柱作为砌体梁结构的一个支撑点承受着较大垂直载荷,且基本顶断裂线距煤柱帮水平距离仅 1.4～2.0 m,围岩动载作用必将使得煤柱帮产生较大压缩变形,加之煤柱及其上部直接顶裂隙严重发育形成大范围贯通带,两者相互作用将共同导致煤柱帮上方顶板出现嵌入和台阶下沉现象。

　　(5) 因采出煤体厚度近 7 m,直接顶厚度仅为 2.0 m,侧向岩块 B 回转空间大,从开始下沉到最终稳定所需时间长,使得巷道掘出后较长时间内都会受到覆岩运动影响；现场矿压观测亦发现，20105 工作面推过两个月后，在 20103 区段运输平巷掘进过程中仍可听到煤岩体断裂声音。

3.2　综放松软窄煤柱沿空巷道顶板不对称梁稳定性力学分析

3.2.1　20103 区段运输平巷顶板不对称梁力学模型建立

20103 区段运输平巷开掘后，巷道直接顶在下部实体煤帮和煤柱的支撑作用及上部侧向支承压力和侧向岩块 B 对其造成的偏斜挤压力的共同作用下处于静力平衡状态。侧向岩块 B 对直接顶的偏斜挤压力 σ 可分解为沿水平方向的分力 N_B 和沿垂直方向的分力 σ_B，且由于水平分力 N_B 并不作用于岩梁的几何中心位置，故其还将对岩梁产生附加的力矩 M_B；垂直方向的分力 σ_B，认为其与岩梁的压缩量呈正比例关系。以沿空巷道顶煤与直接顶为研究对象，建立综放沿空巷道顶板不对称梁力学模型，如图 3-8 所示。x 轴沿顶板梁中线位置指向采空区，y 轴垂直向上。

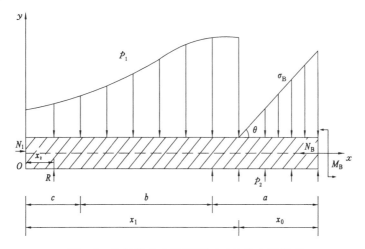

图 3-8　综放沿空巷道顶板不对称梁力学模型

在图 3-8 中，p_1 为基本顶岩层对直接顶施加的作用力，p_2 为窄煤柱对直接顶施加的作用力，N_B 和 σ_B 为关键块 B 回转运动对直接顶和顶煤产生的沿水平方向和垂直方向的应力，M_B 为水平力 N_B 对岩梁产生的附加力矩，R 为实体煤帮对顶煤和直接顶的作用力，a 为煤柱宽度，b 为巷道宽度，c 为实体煤帮破坏深度,x_0 为基本顶断裂线与煤壁距离,x_1 为侧向支承压力峰值与坐标原点的距离,x_2 为实体煤帮作用力与坐标原点的距离,θ 是关键块 B 回转角。

根据潘岳教授研究成果,侧向支承压力是由上覆岩层载荷与覆岩运动引起的增量载荷两部分构成的,其表达式如下[98-99]:

$$p_1 = \gamma H + \frac{5}{3}(14-x)e^{\frac{x-10}{4}} \tag{3-18}$$

根据力的平衡原理,沿 x 轴和 y 轴列平衡方程可得:

$$\begin{cases} N_1 - N_B = 0 \\ R + p_2 a - \int_0^{x_1} p_1 \mathrm{d}x - \dfrac{Kx_0^2\tan\theta}{2} = 0 \end{cases} \tag{3-19}$$

式中 N_1——顶板岩梁端部水平力;

x_1——侧向支承压力峰值与坐标原点的距离,$x_1 = a+b+c-x_0$。

对 $x=0$ 位置列弯矩方程可得:

$$M_B + p_2 a(a/2+b+c) + Rx_2 - \int_0^{x_1} p_1 x \mathrm{d}x - \frac{Kx_0^2\tan\theta}{2}(x_1 + 2x_0/3) = 0 \tag{3-20}$$

$$c = \frac{\lambda M}{2\tan\varphi} \tag{3-21}$$

式中 λ——侧压系数;

M——开采煤层厚度;

φ——煤体内摩擦角。

侧向岩块 B 的回转运动对顶板岩梁产生的力矩 M_B 可以表示为[100]:

$$M_B = Kx_0^2 \tan^3\theta(3h' - 4x_0\tan\theta)/12 \tag{3-22}$$

$$\theta = \arcsin\frac{M - (K_p - 1)\sum h}{L} \tag{3-23}$$

式中 h'——直接顶(包括顶煤)厚度。

煤柱承载能力与煤柱宽度、煤体力学性质、埋深等因素有着直接关系,其近似表达如下:

$$p_2 = \frac{\gamma}{1\,000a}\left[\left(a+\frac{S}{2}\right)H - \frac{S^2}{8\tan\beta}\right] \tag{3-24}$$

式中 β——煤体剪切角。

实体煤帮对直接顶的作用力 R 及其作用位置 x_2 可表示为:

$$R = \int_0^{x_1} p_1 \mathrm{d}x + \frac{Kx_0^2\tan\theta}{2} - pa \tag{3-25}$$

$$x_2 = \frac{2\int_0^{x_1} p_1 x \, dx + Kx_0^2 \tan\theta(x_1 + x_0/2) - 2M - pa(a + 2b + 2c)}{2\int_0^{x_1} p_1 \, dx + Kx_0^2 \tan\theta - 2pa}$$

$$(3-26)$$

式中　K——最大应力集中系数。

对 x 在 $[c, b+c]$ 区域内顶板岩梁列弯矩方程可得：

$$M(x) = \int_0^x (x-\xi)q(\xi)\,d\xi - R(x-x_2) \tag{3-27}$$

联立式(3-18)～式(3-20)可得 $[c, b+c]$ 区域内弯矩表达式如下：

$$M(x) = \left\{ \gamma H x_1 - \frac{20\sqrt{e}}{3e^3}[18 + e^{\frac{x_1}{4}}(x_1 - 18)] + \frac{Kx_0^2}{2}\tan\theta - p_2 a \right\} \cdot$$

$$(x_2 - x) + \frac{3\gamma H e^3 x^2 - 80\sqrt{e}(2xe^{\frac{x}{4}} - 44e^{\frac{x}{4}} + 9x + 44)}{6e^3} \tag{3-28}$$

3.2.2　20103 区段运输平巷顶板不对称梁弯矩分布特征

根据王家岭矿地质生产资料，各参数取值如下：煤柱宽度 $a=8$ m，巷道宽度 $b=5.6$ m，煤层厚度 $M=6.2$ m，直接顶(含顶煤)厚度 $h'=4.6$ m，关键块 B 长度 $L=20$ m，岩体平均容重 $\gamma=25$ kN/m³，煤岩体剪切角 $\beta=20°$，直接顶刚度 $k=47.75$ MPa，垮落直接顶碎胀系数 $K_p=1.2$，煤体内摩擦角 $\varphi=40°$，最大应力系数 $K=1.36$，关键块 B 断裂线与煤壁距离 $x_0=6.1$ m，侧压系数 $\lambda=1.2$。将上述参数代入式(3-28)得沿空巷道顶板区域(4.4～10 m 范围)弯矩方程如下：

$$M(x) = e^{\frac{x}{4}}(353.2 - 31x) + 3.3x^2 + 15.25x - 168.42 \tag{3-29}$$

根据式(3-29)可得综放沿空掘巷顶板岩梁弯矩分布特征，如图 3-9 所示。由图可知：① 沿空巷道顶板弯矩沿巷道中轴线($x=7.2$ m 处)呈显著的不对称分布特征，即靠煤柱侧顶板弯矩值明显大于实体煤侧，这表明靠煤柱侧顶板受到的垂直方向拉应力要明显大于靠实体煤侧，更容易发生拉伸破坏[101]。② 最大弯矩值出现在 $x=8.5$ m 位置处(距离煤柱帮 1.5 m 处)，巷道变形破坏将首先在该部位出现，然后向其他部位拓展，因此，在支护设计过程中应对该区域围岩进行重点支护。

3.2.3　20103 区段运输平巷顶板不对称梁挠度分布特征

由材料力学可知，挠度与弯矩关系如下：

$$EI\omega'' = M(x) \tag{3-30}$$

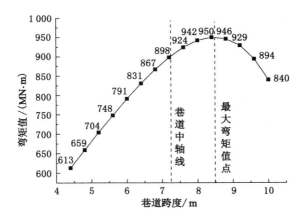

图 3-9 综放沿空掘巷顶板岩梁弯矩分布

式中 E——顶煤的弹性模量；

I——惯性矩。

将式(3-29)代入式(3-30)可得直接顶岩梁挠度方程为：

$$\omega(x) = e^{\frac{x}{4}}(443.4 - 22.85x) + 0.012\ 7x^4 +$$
$$0.117x^3 - 3.88x^2 - 319.44x + 4.61 \tag{3-31}$$

综放沿空掘巷顶板岩梁挠度分布特征如图 3-10 所示。由图 3-10 可见，与顶板岩梁弯矩分布特征相似，挠度分布亦沿巷道中心轴呈显著的不对称特征：靠煤柱侧顶板下沉量明显大于实体煤侧顶板下沉量，最大变形出现在 $x = 8.5$ m 位置处，该位置是巷道顶板的重点支护区域。

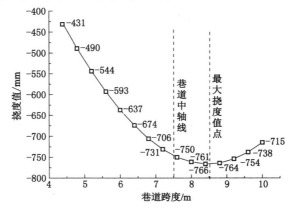

图 3-10 综放沿空掘巷顶板岩梁挠度分布

3.3 综放松软窄煤柱沿空巷道顶板稳定性数值分析

为分析基本顶回转运动与沿空巷道顶板不对称矿压的关联性,采用 UDEC 软件模拟基本顶回转过程中基本顶回转下沉量和破断位置对沿空巷道顶板位移场和应力场的影响规律,以期为沿空巷道围岩稳定性控制和支护参数设计提供指导。

3.3.1 数值模型建立与模拟方案

根据 20103 工作面地质生产条件建立数值计算模型,如图 3-11 所示。模型宽度为 160 m,高度为 80 m,模型主要包括 20103 区段运输平巷系统和 20105 工作面采空区。工作面倾向为 x 轴方向,垂直向上为 y 轴方向。沿 x 轴方向,煤柱宽度为 8.0 m,20105 工作面模拟开挖 100 m;沿 y 轴方向,模拟基本顶厚度为 9 m,直接顶厚度为 2 m,直接底厚度为 2 m,煤层厚度为 6 m,巷道断面尺寸为 5.6 m×3.5 m(宽×高)。为更加详实地模拟基本顶运动对巷道矿压影响,根据 3.1.3 节理论分析结果,将基本顶岩层划分为 20 m×9 m 的块体;为真实还原沿空巷道顶板煤岩体变形破坏形态,将煤层和直接顶区域划分为 0.5 m×0.5 m 的块体。

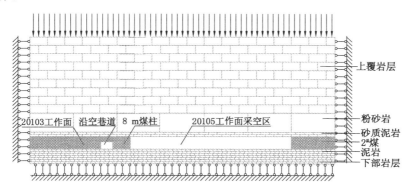

图 3-11 数值计算模型

模型底部边界垂直方向速度设为 0,模型左右边界水平方向速度设为 0,覆岩压力考虑为边界应力施加到上部边界,根据工作面埋藏深度,上部边界应力设为 7.5 MPa。煤岩体破坏选用莫尔-库仑模型(cons=2),物理力学参数在实验室测试数据基础上折减计算;节理裂隙采用库仑滑移模型(jcons=2)[102]。岩层节理简化为水平方向和垂直方向两组节理,计算模型煤岩层和节理物理力学参数如表 3-1 和表 3-2 所列。

表 3-1　计算模型煤岩层物理力学参数

岩层	密度/(kg/m³)	体积模量/GPa	剪切模量/GPa	抗拉强度/MPa	黏聚力/MPa	内摩擦角/(°)	剪胀角/(°)
上覆岩层	2 500	11.90	7.70	1.60	2.40	28	5
粉砂岩	2 680	12.23	8.40	2.19	9.10	36	5
2#煤	1 412	0.79	0.24	1.10	0.23	13	3
泥岩	2 140	2.33	1.47	1.50	1.40	21	3
砂质泥岩	2 659	2.51	1.36	1.70	1.90	21	3
下部岩层	2 500	11.90	7.70	1.60	2.40	28	5

表 3-2　计算模型煤岩层节理力学参数

岩层	法向刚度/GPa	切向刚度/GPa	黏聚力/MPa	内摩擦角/(°)	抗拉强度/MPa	剪胀角/(°)
上覆岩层	5.60	2.50	1.90	20	0.50	3
粉砂岩	5.20	2.38	1.26	18	0.39	3
2#煤	2.20	1.40	1.00	12	0.10	2
泥岩	2.70	1.80	1.40	16	0.70	2
砂质泥岩	2.60	1.70	1.20	15	0.50	2
下部岩层	5.60	2.50	1.90	20	0.50	3

数值模拟的目的一是尽可能真实地模拟 20103 区段运输平巷围岩变形破坏过程,探讨基本顶回转下沉运动对 20103 区段运输平巷矿压显现的影响;二是探析基本顶破断位置与沿空巷道顶板和两帮变形的定量关联性。因此,设计数值模拟方案如图 3-12 所示,模拟巷道中轴线与基本顶断裂线距离 d 分别为 0 m、

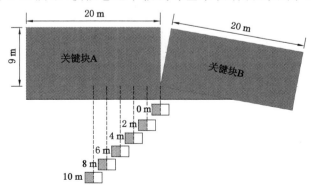

图 3-12　数值模拟方案

2 m、4 m、6 m、8 m、10 m 时沿空巷道围岩变形破坏情况。

3.3.2　20103 区段运输平巷顶板灾变失稳过程

3.3.2.1　综放松软窄煤柱沿空巷道塑性破坏演化过程

图 3-13 为 20103 区段运输平巷围岩塑性区与位移矢量演化过程,随着时步增加,关键块 B 回转下沉量逐渐增大,围岩塑性破坏与位移演化呈现不同特征:

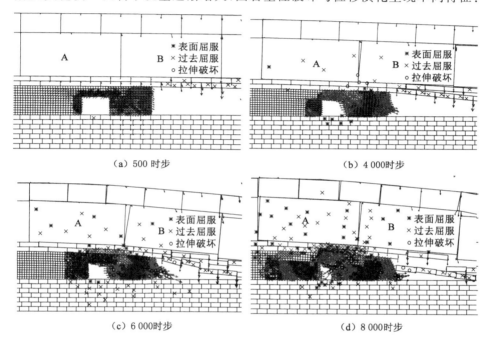

（a）500 时步　　　　　　　　　　　　　（b）4 000时步

（c）6 000时步　　　　　　　　　　　　　（d）8 000时步

图 3-13　20103 区段运输平巷围岩塑性区与位移矢量演化过程

（1）当计算至 500 时步时,关键块 B 仅存在较小程度弯曲下沉尚未发生回转运动,下部直接顶存在向采空区运移的趋势,此时巷道仅受到轻微动压作用。巷道顶板和实体煤帮的浅部煤体处于受压破坏状态;由于受到 20105 工作面回采与巷道掘进的影响,煤柱整体处于塑性破坏状态,围岩变形量较小。

（2）当计算至 4 000 时步时,由于煤体物理力学性质减弱致使煤柱出现压缩,关键块 B 开始向采空区回转,同时伴随着支承压力和回转变形压力增长。在这种情况下,煤柱帮向采空区发生明显的挤出变形,垮落的煤体散落到采空区中,巷道围岩受到明显采动影响呈现出变形破坏:顶板 3.0 m 范围内煤体受剧烈拉剪破坏而屈服,靠煤柱侧顶板首先出现离层变形,位移量可达 87 mm,而靠实体煤侧顶板位移量为 12 mm;煤柱帮亦出现不对称挤出变形,上部位移量达 57 mm,下部位移量为 11 mm;实体煤帮塑性区深度拓展至 2.0 m,但无明显变形。

(3) 当计算至 6 000 时步时,关键块 B 回转下沉加剧,引起支承压力和回转变形压力剧烈增长,巷道处于剧烈采动影响时期。顶板塑性区范围拓展至近 5.0 m,由于应力分布不均衡性增长,顶板不对称下沉更加突出,煤柱侧顶板下沉量(约 350 mm)大于实体煤帮侧顶板下沉量(约 100 mm);同时由于基本顶回转作用,顶板煤体夹矸间、煤体与直接顶间出现了明显水平挤压运动,层理面间受到水平挤压作用出现错动、滑移和嵌入变形,顶板 2.0 m 范围内煤体挤压变形严重并出现不协调的错动滑移,其中浅部 0.5 m 范围内煤体形成明显破碎带,且有冒落趋势。煤柱帮不对称变形更加突出,实体煤帮侧塑性区深度拓展至3.0 m。

(4) 当计算至 8 000 时步时,关键块 B 回转变形达到最大并趋于稳定,由于关键块 B 自重及其承受的巨大覆岩载荷,此时煤柱受压而整体趋于失稳,煤柱整体处于松软的破碎状态。反过来,煤柱承载能力的下降使得其对关键块 B 的支撑作用大幅削弱,导致关键块 B 回转下沉加剧,进而引起关键块 A 的弯曲下沉加剧,导致巷道顶板出现整体性下沉,下沉量接近 550 mm,煤体出现大范围破坏和强烈变形,且煤柱帮不对称变形破坏更加突出。

综上分析可知,综放沿空巷道不对称矿压显现与关键块 B 回转下沉有着直接关系。随着关键块 B 回转下沉量增大,巷道顶板垂直方向和水平方向应力呈不对称分布,进而导致顶板围岩力学性质恶化和结构损伤并呈不对称性分布;关键块 B 下沉量越大,矿压显现不对称性越显著,小结构稳定性越低。相应的,沿空巷道小结构的失稳破坏,特别是松软煤柱的失稳破坏,反过来将导致关键块 B 的回转运动加剧,甚至引发实体煤上方关键块 A 的回转。

3.3.2.2 围岩应力位移分布特征

图 3-14 为 20103 区段运输平巷围岩垂直应力等值线图。为进一步分析顶板应力分布特征,提取顶板岩层不同深度(0.1 m、0.6 m、1.0 m、1.5 m、2.0 m、2.5 m、3.0 m、3.5 m、4.0 m、4.5 m、5.0 m)处应力值,绘制顶板岩层不同深度垂直应力分布曲线如图 3-15 所示。图中横坐标"0"点代表巷道实体煤帮位置,0~5.6 m 表示巷道上部顶板,5.6~13.6 m 为 8 m 煤柱上部顶板,−8~0 m 为实体煤上方顶板。由图 3-14 和图 3-15 可知:20105 工作面回采引起的侧向支承压力影响范围大于 25 m,支承压力峰值位于巷道实体煤侧 5.0 m 处,应力集中系数约为 1.8。巷道挖掘后顶板发生弯曲下沉破坏引发应力释放并最终趋于完全卸压状态,应力小于 4.5 MPa;由于煤柱本身属于松软煤体,加之覆岩运动引起强烈动压作用,煤柱整体处于破碎状态,对顶板支撑力较小,导致煤柱上方的顶板

破坏并处于卸压状态,应力值维持在 4～8 MPa;对于实体煤侧上方顶板压力由浅至深可依次划分"应力过渡区"和"应力集中区",浅部 0～2.4 m 范围内顶板岩层由低应力逐渐恢复至原岩应力,从实体煤侧 2.4 m 起至更深部位置,顶板岩层应力由原岩应力逐渐增加至高应力(11～20 MPa)。

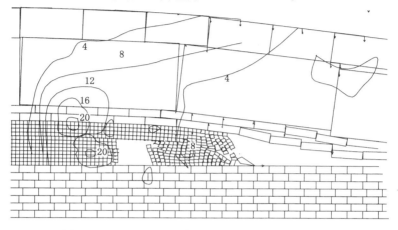

图 3-14　20103 区段运输平巷围岩垂直应力等值线图

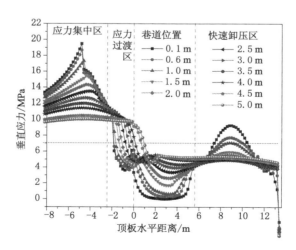

图 3-15　顶板岩层不同深度垂直应力分布曲线

　　20103 区段运输平巷顶板岩层不同深度垂直位移分布如图 3-16 所示。不同深度范围内顶板岩层位移分布呈现不同特征:① 2.0～5.0 m 范围内顶板下沉量从靠实体煤侧至靠煤柱侧呈线性增大趋势,实体煤侧顶板下沉量约为 192 mm,煤柱侧顶板下沉量约为 327 mm,造成这一现象的原因在于基本顶回转下沉运动产生的侧向支承压力从靠煤柱侧到靠实体煤侧呈不均衡分布特征,从而造成了围岩变形的不均衡性。② 浅部 0～2.0 m 范围内靠煤柱侧顶板下沉量整体仍大于实体煤侧,顶板最大下沉量发生在巷道中轴线偏煤柱侧 200～600 mm 处,最大下沉量约为 550 mm;现场工程实践中亦发现,沿空巷道煤柱侧顶板下沉变形显著大于实体煤侧,并在局部区域存在一定程度的冒漏顶特征,这与数值模拟得到的位移特征基本吻合。③ 造成深部顶板与浅部顶板位移不同分布特征的原因在于,深部岩体主要受覆岩大结构运动影响,而巷道上方浅部岩体除受大结构运动影响外还受到巷道开掘影响。

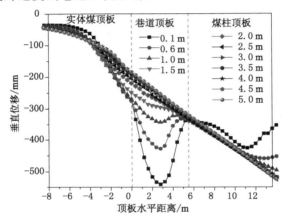

图 3-16 顶板岩层不同深度垂直位移分布曲线

20103 区段运输平巷顶板岩层不同深度水平位移分布曲线如图 3-17 所示。

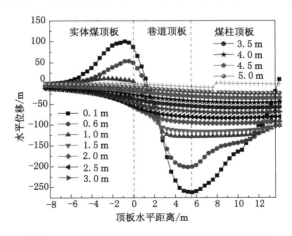

图 3-17 顶板岩层不同深度水平位移分布曲线

不同深度范围内顶板岩层位移分布呈现不同特征：① 0～1.5 m 范围内靠煤柱侧顶板水平位移为负值，而靠实体煤侧顶板水平位移为正值，这表明浅部顶板变形表现出从两侧向巷道内挤压的运动趋势；靠煤柱侧顶板水平位移量依次为 254 mm、212 mm、127 mm、118 mm，靠实体煤侧顶板水平位移依次为 −118 mm、−66 mm、−52 mm、−8 mm、−2 mm，显然，靠煤柱侧顶板水平变形量明显大于靠实体煤侧水平变形量。文献[103]指出顶板岩层运动存在"0"水平位移点，在静压巷道中该点应位于巷道中间位置，但对于 20103 区段运输平巷，由于受到基本顶回转运动影响，"0"水平位移点由巷道中心处向实体煤侧转移，转移距离约为 0.9 m。② 顶板岩层大于 1.5 m 深度范围内，水平位移均为负值，表明深部顶板变形表现出由靠煤柱侧向靠实体煤侧水平运动的趋势，且对比 0～1.5 m 范围内的围岩运动，水平运动程度明显减弱。③ 不同深度岩层水平位移量差距较大，尤其是浅部 0～1.5 m 范围内相邻岩层间最大水平位移差值达 115 mm，不同岩层间水平位移的差异性将造成岩层间结构面的错动、滑移和挤压变形，进而诱发岩体破碎形成破碎带。因此，在进行此类巷道支护设计时，应充分考虑支护构件对水平运动的适应性。

3.3.3　基本顶结构回转下沉与顶板不对称矿压特征的关系

图 3-18 为巷道中轴线距离基本顶断裂线 d 为 0 m、2 m、4 m、6 m、8 m 和 10 m 时巷道围岩塑性区和位移分布图，图 3-19 则为相应的围岩裂隙分布图。由图 3-18 和图 3-19 可知：① 当 $d＝0$ m 时，基本顶于沿空巷道中线处破断。由于煤柱松软特性及围岩动压作用使得煤柱完全屈服破坏，煤柱帮发生严重的挤出变形，然而实体煤帮变形较小。煤柱压缩变形导致基本顶回转下沉量增大，顶板变形呈现明显不同步性，靠煤柱侧顶板出现严重下沉，且顶板浅部煤体发生强烈挤压变形并出现不协调的错动滑移。② 当 $d＝2$ m 或 4 m 时，基本顶于煤柱帮上方附近破断。这种条件下煤柱作为砌体梁结构的一个支撑点承受较大压力而发生压缩变形，煤柱稳定性降低，致使其对顶板支撑作用下降；由于关键块破断时的剧烈动载作用，直接顶亦有可能沿基本顶断裂线切断，在工程现场表现为靠煤柱侧顶板的切顶下沉现象。③ 当 $d＝6$ m 或 8 m 时，基本顶于煤柱上方发生破断。关键块 B 破断线距采空区煤壁范围内的煤体发生严重的挤出变形，而靠巷道侧煤柱体则相对稳定，但巷道顶板仍受到岩块回转产生的附加水平应力作用产生不均匀裂隙分布。④ 当 $d＝10$ m 时，基本顶回转运动对沿空巷道影响较弱，但由于沿空巷道处于支承压力剧烈影响区，顶煤全部处于屈服破坏状态，实体煤帮和煤柱帮 2.5 m 范围内围岩出现压剪破坏，整体变形较大。

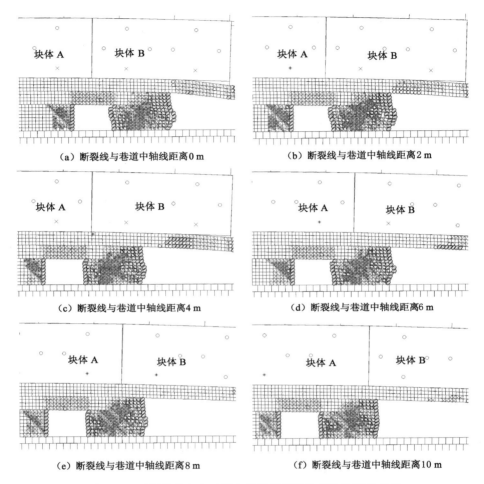

（a）断裂线与巷道中轴线距离 0 m   （b）断裂线与巷道中轴线距离 2 m

（c）断裂线与巷道中轴线距离 4 m   （d）断裂线与巷道中轴线距离 6 m

（e）断裂线与巷道中轴线距离 8 m   （f）断裂线与巷道中轴线距离 10 m

图 3-18　不同模拟方案下沿空巷道围岩塑性区和位移分布图

　　基本顶破断线与沿空巷道空间位置的差异性，必然导致沿空巷道围岩变形破坏的不同步性。不同模拟方案下沿空巷道顶板变形曲线如图 3-20 所示。由图可知：① 顶板岩层下沉呈明显的不对称性：靠煤柱侧顶板下沉量明显大于靠实体煤侧顶板下沉量，这是由于基本顶破断线均位于沿空巷道中轴线偏向采空区侧，基本顶岩层破断后向采空区大幅回转运动，基本顶岩层不均匀沉降造成巷道顶煤和直接顶内应力分布的不均匀性，进而引发顶板岩层结构性调整发生不对称下沉。② 随着断裂线与巷道中轴线距离减小，顶板变形的不对称性愈发显著。这是由于随着沿空巷道与断裂线位置逐渐靠近，沿空巷道受到基本顶回转运动影响增大，而且靠近采空区侧的煤柱帮剧烈压缩变形越来越严重，致使煤柱

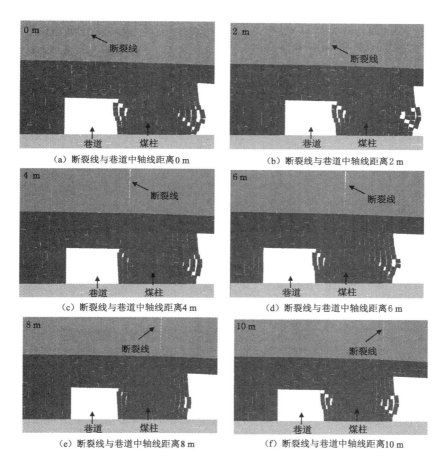

（a）断裂线与巷道中轴线距离 0 m

（b）断裂线与巷道中轴线距离 2 m

（c）断裂线与巷道中轴线距离 4 m

（d）断裂线与巷道中轴线距离 6 m

（e）断裂线与巷道中轴线距离 8 m

（f）断裂线与巷道中轴线距离 10 m

图 3-19 不同模拟方案下沿空巷道围岩裂隙分布图

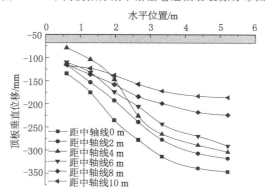

图 3-20 不同模拟方案下顶板下沉曲线

帮自身承载性能及其对顶板的支撑作用明显弱于实体煤帮对顶板的支撑作用，从而造成变形不对称特征更加显著。

不同模拟方案下沿空巷道两帮变形曲线如图 3-21 所示。由图 3-21 可知：① 随着断裂线与巷道中轴线距离减小，两帮变形快速增大，两者间距由 10 m 减小至 0 m 过程中，煤柱帮最大变形量依次为 242 mm、249 mm、256 mm、277 mm、286 mm、386 mm，增大了 59.5%；实体煤帮最大变形量依次为 221 mm、224 mm、234 mm、267 mm、256 mm、369 mm，增大了 67.0%。② 两帮变形亦呈明显不对称性：煤柱帮变形明显大于实体煤帮变形，这是由于基本顶破断发生于煤柱上方，煤柱作为砌体梁结构的一个支点，承受着巨大覆岩压力而发生严重压缩变形。

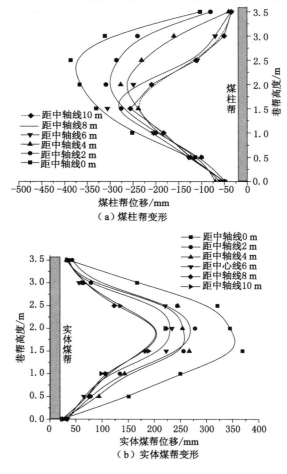

（a）煤柱帮变形

（b）实体煤帮变形

图 3-21　不同模拟方案下沿空巷道两帮变形曲线

③ 煤柱帮上部变形大于下部变形,变形主要集中于巷帮上部 0~2.0 m 处,这与现场实测基本吻合。

3.4　本章小结

本章采用理论分析和数值模拟的方法研究综放沿空巷道上覆岩层结构特征及其与顶板不对称破坏的关系,研究结论如下:

(1)理论计算表明,下部煤体采出后基本顶岩层可能回转量 $\Delta = 2.5$ m,而破断块体形成稳定结构所允许的最大回转量 $\Delta_{\max} = 3.6$ m,显然 $\Delta < \Delta_{\max}$,由此可知,下部煤体采出后基本顶岩层将发生破断并与相邻岩块铰接形成稳定砌体梁结构。

(2)建立侧向关键块结构力学模型,计算得出侧向关键块断裂位置表达式为:

$$x_0 = \sqrt{\frac{12\gamma h S C_0 L_0 \xi(1+u)}{E[M - \sum h_i(K_p - 1)]}}$$

进一步研究了基本顶破断位置与工作面开采尺寸、开采煤层厚度和力学性质、直接顶厚度和力学性质、基本顶厚度和力学性质的关系,并结合试验工作面地质生产条件,确定基本顶破断位置距采空区煤壁 5.86~6.19 m。

(3)理论计算表明,基本顶破断将会形成厚度为 9.2 m、长度为 19.74 m 的块体,破断位置距采空区煤壁 5.86~6.19 m,在该破断块体回转下沉过程中,将会对沿空巷道直接顶产生较高的侧向支承压力和偏斜挤压力,并造成煤柱帮的严重压缩变形,最终导致沿空巷道应力和围岩性质沿巷道中轴线的不对称分布。

(4)建立综放沿空巷道顶板不对称梁力学模型,解算出采动影响下沿空巷道顶板岩梁弯矩和挠度表达式为:

$$M(x) = e^{\frac{x}{4}}(353.2 - 31x) + 3.3x^2 + 15.25x - 168.42$$

$$\omega(x) = e^{\frac{x}{4}}(443.4 - 22.85x) + 0.012\,7x^4 + 0.117x^3 -$$
$$3.88x^2 - 319.44x + 4.61$$

综放沿空巷道顶板弯矩和挠度分布沿巷道中轴线呈显著的不对称特征,最大弯矩和挠度出现在距煤柱帮 1.5 m 处。

(5)综放沿空巷道顶板不对称矿压显现与关键块 B 的下沉量有着直接关系,随着关键块 B 下沉量增大,靠煤柱侧顶板下沉量和水平位移量逐渐增加,巷道小结构稳定性降低;反过来,沿空巷道围岩小结构(尤其是煤柱)的失稳破坏将加剧关键块 B 的回转下沉,巷道不对称矿压更加显著。

(6)浅部 0~2.0 m 范围内靠煤柱侧顶板下沉量明显大于靠实体煤侧顶板下沉量,最大位移发生在巷道中心线偏煤柱侧 200~600 mm 处,2.0~5.0 m 范围内顶板下沉量自实体煤侧到煤柱侧呈线性增大趋势;浅部 0~1.5 m 范围内岩层从两侧向巷道内发生挤压运动,且靠煤柱侧顶板水平位移明显大于靠实体煤侧顶板水平位移,"0"水平位移点由巷道中心处向实体煤侧转移 0.9 m,1.5~6.0 m 范围内岩层由煤柱侧向实体煤侧发生运动。

(7)数值分析表明,随着基本顶破断线与沿空巷道中心线距离减小,煤柱作为砌体梁结构的支承点受到的垂直载荷逐渐增大,使得煤柱帮自身承载性能及其对顶板的支撑作用明显弱于实体煤帮,从而加剧了沿空巷道围岩结构的不对称性和顶板变形破坏的不对称性。

第 4 章 综放沿空巷道顶板煤岩体不对称破坏时空演化规律

在采掘全过程中综放沿空巷道围岩经历了一个反复的加载和卸载过程,并伴随着能量的多次存储、释放和转移,本章主要研究采掘进程不同阶段综放沿空煤巷顶板煤岩体偏应力场和位移场分布与迁移的时空演化规律,解算顶板在垂直方向与水平方向运移破坏的动态响应,并分析煤柱宽度和强度与顶板不对称变形破坏的关系,以期明确综放沿空巷道顶板不对称灾变过程及其主要影响因素,为综放沿空巷道顶板灾害防治提供理论依据。

4.1 数值模拟关键问题

4.1.1 数值模型建立

根据王家岭矿试验工作面地质生产条件,建立三维数值模型如图 4-1 所示,模型包括 20103 工作面、20105 工作面、沿空巷道和边界煤柱。模型尺寸为 240 m×350m×100 m,沿工作面走向长度为 350 m,其中模拟工作面推进长度为 250 m,两侧边界煤柱宽度各为 50 m,沿工作面倾向长度为 240 m,分别模拟 20103 工作面和 20105 工作面长度 100 m,沿空巷道及煤柱系统区域 40 m,模型高度为 100 m。模型水平边界和底部边界速度限定为 0。模型上部边界施加应力 7.5 MPa 代表覆岩压力,模型沿 x、y 方向施加水平应力,侧压系数设定为1.2。莫尔-库仑模型用于模拟顶底板岩层,应变软化模型用于模拟煤层,双屈服模型用于模拟采空区冒落矸石,各个模型参数选取将在 4.1.2 节和 4.1.3 节详细阐述。

数值模拟过程为:初始应力计算→20105 区段回风平巷开挖→20105 工作面推进和采空区充填→20103 区段运输平巷开挖→20103 工作面分步推进。

4.1.2 煤岩体物理力学性质确定

准确评估煤岩体物理力学性质对于获取准确可靠的数值模拟结果是必不可少的[104-105]。Mohammad 等[106]认为煤岩体刚度可取实验室测试块体刚度的

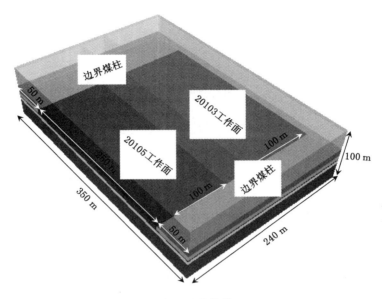

图 4-1　三维数值模型

0.469 倍，单轴抗压强度可取实验室测试块体强度的 0.284 倍；蔡美峰院士[107]认为煤岩体的弹性模量、黏聚力和抗拉强度为实验室测试结果的 0.1~0.25 倍，而泊松比为实验室测试结果的 1.2~1.4 倍。根据上述研究成果，本书中煤岩体的弹性模量、黏聚力和抗拉强度取值为实验室测试结果的 0.2 倍，而泊松比取值为实验室测试结果的 1.2 倍。在实验室测试结果（表 2-2）的基础上，得到模拟过程中煤岩体的物理力学参数如表 4-1 所列。

表 4-1　数值模拟中煤岩体物理力学参数

岩层	密度 /(kg/m³)	体积模量 /GPa	剪切模量 /GPa	内摩擦角 /(°)	黏聚力 /MPa	抗拉强度 /MPa
上覆岩层	2 500	8.21	6.02	30.00	2.00	0.70
粉砂岩	2 680	4.34	2.43	39.23	1.88	3.38
砂质泥岩	2 659	2.19	0.87	47.39	1.78	1.52
2# 煤层	1 413	1.01	0.14	44.34	0.46	0.21
泥岩	2 140	1.07	0.53	32.35	0.53	0.47
下部岩层	2 500	8.21	6.02	30.00	2.00	0.70

由 2.2.3 节煤体单轴压缩试验可知，2# 煤体变形破坏是一个复杂的、渐进的过程[108]，可以分为三个阶段：弹性阶段、塑性软化阶段和塑性流变阶段。煤体压缩破坏后，开始进入塑性软化阶段直至达到一个稳定的残余强度，如图 4-2 所示[109]。目前，应变软化模型是广为接受的煤柱模拟模型，在这类模型中煤体被认为是一种非线性的应变软化材料，其黏聚力和内摩擦角随着应变增大而逐渐减小[110-111]。通常来说，确定煤体峰后力学特性是比较困难的[112-115]，参考相关研究成果，煤体峰后应变软化参数如表 4-2 所列。

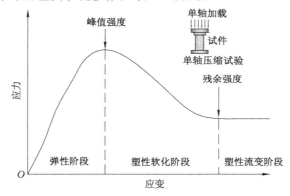

图 4-2　典型煤体应力-应变曲线

表 4-2　煤体峰后应变软化参数

塑性应变	0	0.002 5	0.005	0.007 5	0.01
黏聚力/MPa	0.80	0.68	0.54	0.40	0.28
内摩擦角/(°)	24	23	22	21	21

4.1.3　采空区应力恢复模拟

在长壁开采过程中，随着工作面向前推进，工作面后方顶板岩层开始垮落，垮落的矸石在采空区内逐渐压实使得自身刚度和弹性模量显著增大。由于部分覆岩载荷将由被压实的采空区矸石承担，从而使得四周煤体或煤柱上的支承压力下降[116-117]。为了准确分析工作面开采引起的采动支承压力变化规律，采空区压实过程是必须要考虑的。在以往研究中，通常采用较软的弹性材料来模拟和充填采空区，但近年来双屈服模型被越来越多的科研工作者用于模拟采空区应力恢复[118]。在双屈服模型中，随着顶板下沉量的增加，模型提供的支护阻力逐渐增大[119]，本书将采用双屈服模型模拟采空区冒落矸石。

双屈服模型的运用包括盖帽压力和材料特性两大类参数,其中,盖帽压力可根据式(4-1)计算[120]:

$$\sigma_{cap} = \frac{E_0 \varepsilon}{1 - (\varepsilon/\varepsilon_{max})} \tag{4-1}$$

式中 σ_{cap}——采空区矸石受到的压力;

   ε——在压力 σ_{cap} 作用下采空区矸石的体积应变;

   ε_{max}——采空区矸石可产生的最大体积应变;

   E_0——采空区矸石的初始弹性模量。

其中,ε_{max} 和 E_0 的值取决于冒落岩体的碎胀系数及其强度,其表达式如下[121]:

$$\varepsilon_{max} = \frac{K_p - 1}{K_p} \tag{4-2}$$

$$E_0 = \frac{1.039\sigma_c^{1.042}}{K_p^{7.7}} \tag{4-3}$$

式中 K_p——冒落岩体的碎胀系数;

   σ_c——岩体的抗压强度。

就 20105 工作面地质生产条件而言,垮落岩体的碎胀系数取 1.2,则相应的最大应变和初始模量分别为 0.16 和 191.35 MPa。将上述参数代入式(4-1)可得盖帽压力分布,如表 4-3 所列。

表 4-3 双屈服模型中的盖帽压力

应变	盖帽压力/MPa	应变	盖帽压力/MPa
0.01	2.03	0.09	37.61
0.02	4.35	0.10	48.12
0.03	7.00	0.11	62.39
0.04	10.08	0.12	82.86
0.05	13.69	0.13	114.70
0.06	17.97	0.14	171.04
0.07	23.16	0.15	297.78
0.08	29.54		

关于双屈服模型中材料参数的确定,可采用反演试错方法模拟得出与表 4-3 相匹配的围岩压力,进而确定冒落矸石的材料特性[122]。为此,建立 1 m×1 m×1 m 的单元体,模型上表面施加 10^{-5} m/s 的恒定速度以产生垂直载荷,模型水平边界和底部边界速度限定为 0。数值模拟获得的应力-应变曲线如图 4-3

所示黑色曲线,而理论计算得到的应力-应变曲线为灰色曲线,可见数值模拟反演结果与理论分析结果基本吻合。最终反演得出采空区冒落矸石的材料特性,如表 4-4所列。

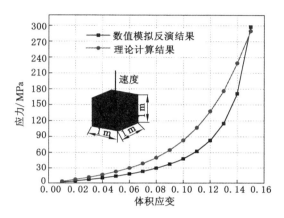

图 4-3　数值模拟和理论计算应力-应变曲线对比结果

表 4-4　双屈服模型中采空区冒落矸石的材料特性

参数	密度 /(kg/m³)	体积模量 /GPa	剪切模量 /GPa	内摩擦角 /(°)	剪胀角 /(°)
取值	1 100	6.78	4.05	21	8

　　为了验证双屈服模型及其参数选取的可靠性,模拟分析 20105 工作面回采 250 m 后围岩塑性区和垂直应力分布特征,如图 4-4 所示。可见,由于采空区采用双屈服材料还原了垮落岩石的碎胀特性,使得采出空间得以及时有效充填后使应力逐渐恢复;其中,采空区中部应力恢复程度较高,越靠近边界区域,应力恢复程度越低[123]。

　　为进一步分析采空区应力恢复情况,在采空区内设置两条测线(1#和 2#),分别监测采空区中部和距边界 15 m 处的应力恢复情况。由 1# 测线应力变化曲线可知,垂直应力由采空区边缘处的 2.2 MPa 开始逐渐增大,并于距采空区边缘 85 m 处达到恒定值 7.3 MPa,换言之,97％的原岩应力(7.3 MPa/7.5 MPa)在工作面深部 28％埋藏深度处(85 m/300 m)得以恢复。就 2# 测线而言,采空区内应力于内部 94 m 处达到恒定值 6.8 MPa,换言之,91％的原岩应力(6.8 MPa/7.5 MPa)在工作面深部 30％埋藏深度处(87 m/300 m)得以恢复。因此,书中提到的双屈服模型及其参数可以较好地还原实际采空区矸石的冒落和压实过程。

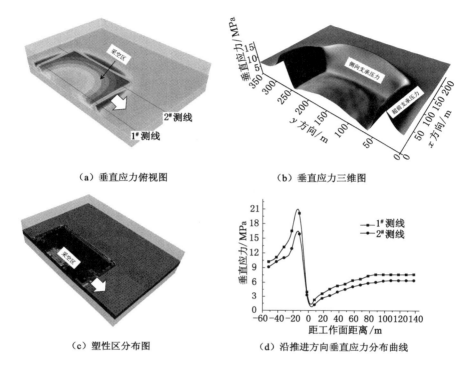

（a）垂直应力俯视图   （b）垂直应力三维图

（c）塑性区分布图   （d）沿推进方向垂直应力分布曲线

图 4-4　围岩塑性区和垂直应力分布特征

4.1.4　岩石（体）变形破坏评价指标

在经典弹塑性力学中，应力-应变本构关系被普遍用于描述煤岩体变形和破坏，并据此建立了莫尔-库仑强度准则、D-P 强度准则、最大拉应力强度准则等用于评判围岩弹塑性力学行为[124]。然而，在工程实践中煤岩体的变形破坏是一个反复的加载与卸载过程[125]，加之煤岩体自身组织结构也很不规则，因而其在变形破坏过程中呈现出来的应力与应变关系非常复杂，仅仅通过应力或者应变不能全面反映煤岩体的稳定程度[126]。

图 4-5 所示为标准泥页岩试件在不同围压（0 MPa、10 MPa、20 MPa 和 30 MPa）条件下的应力-应变曲线[127]。由图可知，当围压为 0 MPa 时，点 C 和点 D 的应变差异较小，但岩块稳定状态却显著不同；类似的，当围压为 30 MPa 时，点 A 和点 B 的应力差异较小，岩块稳定状态同样差异显著。由此可知，当采用应力和应变为指标来判定不同条件下岩块的稳定程度时，需要同时兼顾煤岩体力学性能、围岩受力大小和方向等诸多因素，这使得通过应力-应变分析岩石稳定程度变得较为复杂[128-130]。

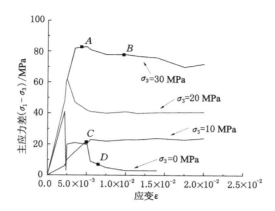

图 4-5　不同围压下泥页岩试块应力-应变曲线

　　事实上,围岩变形破坏是由内部单元体的畸变能密度变化引起的,而围岩应力和应变的变化只是岩石变形破坏过程中一种可视的宏观表现,不能全面体现围岩变形本质[131-132]。因此,本书在采用传统应力和应变表征围岩稳定程度的同时,提出采用偏应力不变量表征围岩稳定性。

　　忽略煤岩体与外界热交换消耗或吸收的能量,根据克拉贝龙(Clapeyron)公式,应变能密度可表示为[133]:

$$W = \frac{1}{2}\sigma_{ij}\varepsilon_{ij} \tag{4-4}$$

式中　W——应变能密度;

　　　σ_{ij}——应力张量;

　　　ε_{ij}——应变张量。

　　由广义胡克定律可知,应力分量和应变分量间关系如下[134]:

$$\left.\begin{aligned}
\varepsilon_{xx} &= \frac{1}{E}[\sigma_{xx} - \mu(\sigma_{yy} + \sigma_{zz})] & \varepsilon_{yz} &= \frac{1+\nu}{E}\sigma_{yz} \\
\varepsilon_{yy} &= \frac{1}{E}[\sigma_{yy} - \mu(\sigma_{zz} + \sigma_{xx})] & \varepsilon_{zx} &= \frac{1+\nu}{E}\sigma_{zx} \\
\varepsilon_{zz} &= \frac{1}{E}[\sigma_{zz} - \mu(\sigma_{xx} + \sigma_{yy})] & \varepsilon_{xy} &= \frac{1+\nu}{E}\sigma_{xy}
\end{aligned}\right\} \tag{4-5}$$

将式(4-5)代入式(4-4)可得:

$$\begin{aligned}
W &= \frac{1}{2}\lambda\theta^2 + G(\varepsilon_{xx}^2 + \varepsilon_{yy}^2 + \varepsilon_{zz}^2) + 2G(\varepsilon_{xy}^2 + \varepsilon_{yz}^2 + \varepsilon_{zx}^2) \\
&= \frac{1}{2E}[\sigma_{xx}^2 + \sigma_{yy}^2 + \sigma_{zz}^2 - 2\mu(\sigma_{xx}\sigma_{yy} + \sigma_{yy}\sigma_{zz} + \sigma_{zz}\sigma_{xx}) +
\end{aligned}$$

$$2(1+\mu)(\sigma_{xy}^2 + \sigma_{yz}^2 + \sigma_{zx}^2)] \tag{4-6}$$

式(4-6)可改写为：

$$
\begin{aligned}
W &= \frac{1}{2}\lambda\theta^2 + G\varepsilon_{ij}\cdot\varepsilon_{ij} \\
&= \frac{1}{2}\left(\lambda + \frac{2}{3}G\right)\theta^2 + G\sum_{ij}\sum_{ij} \\
&= W_V + W_F
\end{aligned} \tag{4-7}
$$

式中 W_V——体积变化引起的应变能；

W_F——形状变化引起的应变能（畸变能）。

畸变能的表达式可采用偏应力第二不变量表示为：

$$
\begin{aligned}
W_F &= G\sum_{ij}\sum_{ij} \\
&= \frac{G}{3}\big[(\varepsilon_{xx}-\varepsilon_{yy})^2 + (\varepsilon_{yy}-\varepsilon_{zz})^2 + (\varepsilon_{zz}-\varepsilon_{xx})^2\big] + 6(\varepsilon_{xy}^2 + \varepsilon_{yz}^2 + \varepsilon_{zx}^2) \\
&= \frac{1}{12G}\big[(\sigma_1-\sigma_2)^2 + (\sigma_2-\sigma_3)^2 + (\sigma_3-\sigma_1)^2\big] \\
&= \frac{J_2}{2G}
\end{aligned} \tag{4-8}
$$

式中 J_2——偏应力第二不变量，$J_2 = \frac{1}{6}\big[(\sigma_1-\sigma_2)^2 + (\sigma_2-\sigma_3)^2 + (\sigma_3-\sigma_1)^2\big]$；

G——煤岩体剪切模量。

由式(4-8)可知，畸变能变化与煤岩体的力学性能和三个方向应力有关[135]。在煤岩体剪切模量既定的条件下，偏应力不变量 J_2 可以较为全面地反映煤岩体的畸变能分布特征[136-137]。此外，以往人们普遍以巷道位移大小表征围岩变形情况，但无法体现变形后面的力学实质，而偏应力第三不变量则可以表征围岩拉应变、压应变和平面应变，其表达式如下[138]：

$$J_3 = \left(\frac{2\sigma_1 - \sigma_2 - \sigma_3}{3}\right)\left(\frac{2\sigma_2 - \sigma_3 - \sigma_1}{3}\right)\left(\frac{2\sigma_3 - \sigma_1 - \sigma_2}{3}\right) \tag{4-9}$$

当 $J_3 < 0$ 时，单元体处于压缩变形状态；当 $J_3 = 0$ 时，单元体处于平面变形状态；当 $J_3 > 0$ 时，单元体处于拉伸变形状态。

综上所述，偏应力不变量（J_2 和 J_3）可以揭示巷道围岩内的畸变能累积情况和应变类型[139]，通过巷道内偏应力不变量的分布特征可以更加直接和真实地探析围岩内部潜在破坏情况，为评价综放松软窄煤柱沿空巷道顶板不对称破坏提供了理论指导[135]。因此，本书除采用传统应力和位移为指标探究沿空巷道围岩稳定性外，同时采用偏应力第二不变量和偏应力第三不变量来表征围岩稳定程度。

4.2　20105 工作面回采期间侧向煤岩体偏应力不变量分布特征

由于 20105 工作面属于高强度采煤工作面,大量煤体采出必将引起较大范围的顶板岩层运动,进而造成相邻的 20103 工作面实体煤组织结构损伤,表现为应力偏量的改变[140]。为研究 20105 工作面推进造成的采动影响,作者模拟 20105 工作面回采 250 m 时相邻煤体上偏应力第二不变量和第三不变量分布特征。

4.2.1　相邻工作面煤岩体偏应力第二不变量分布特征

20105 工作面回采期间偏应力第二不变量分布形态如图 4-6 所示,图 4-6(a)和图 4-6(b)为模型高度 $z = 34$ m 处偏应力不变量分布形态。由图 4-6(a)和图 4-6(b)可知:① 工作面回采引起采空区四周煤体上偏应力第二不变量迅速

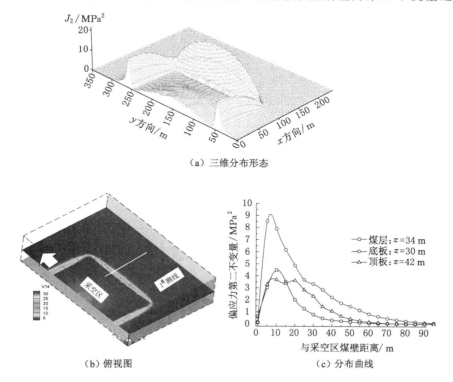

（a）三维分布形态

（b）俯视图　　　　　（c）分布曲线

图 4-6　20105 工作面回采引起的偏应力第二不变量分布特征

增大;就侧向实体煤上的偏应力第二不变量分布情况而言,沿走向方向,其在采空区中部位置达到最大值,自采空区中部向两侧逐渐减小。② 沿倾向方向,自采空区边缘往深部煤体转移,偏应力第二不变量呈先增大后减小趋势,在远离工作面区域偏应力趋向于 0。造成这一分布特征的原因在于,采空区煤体开挖使得其上部覆岩压力开始向实体煤上方转移,导致实体煤内畸变能开始增大,当煤体内累积的畸变能密度达到煤体破坏极限时,采空区边缘煤体发生损伤,损伤后的煤体承受和存储畸变能的能力大幅下降,从而导致畸变能往更深部煤体转移,以此类推,工作面回采产生的畸变能不断向深部煤体转移。在这个过程中由于部分畸变能用于煤体破坏而不断耗散,畸变能总和不断减小,直至煤体强度刚好可以承受剩余的畸变能密度时,才能达到新的平衡状态。可见,偏应力不变量的最终分布状态取决于两个因素:一是开采强度,开采强度越高,岩层运动越剧烈,引起的畸变能密度变化越大;二是煤体强度,煤体强度越大,其损伤所需的畸变能密度越大。两者相互作用、相互牵制,决定了最终的偏应力不变量分布形态。

为了进一步掌握偏应力第二不变量的侧向分布特征,分别在煤层($z=34$ m)、底板($z=30$ m)和顶板($z=42$ m)处设置 1#、2#、3# 测线,提取各测线的应力数值,进而拟合偏应力第二不变量侧向分布曲线如图 4-6(c)所示。就 1# 测线而言,煤体内偏应力第二不变量在煤壁($x=0$ m)处的值为 0 MPa^2,随着向煤体深部转移,偏应力第二不变量保持迅速增长并达到最大值 4.8 MPa^2;随后偏应力不变量开始缓慢降低并于距煤壁 40 m 处趋于 0。由此可知,20105 工作面推进将引起相邻 30 m 范围内侧向煤体畸变能增大,使得该范围内煤体裂隙不断扩展、发育。对于 2# 测线和 3# 测线而言,偏应力不变量与 1# 测线变化趋势基本一致,但峰值应力和影响范围明显不同:底板岩层(2# 测线)偏应力第二不变量峰值为 9.6 MPa^2,影响范围约为 70 m,顶板岩层(3# 测线)偏应力第二不变量峰值为 3.8 MPa^2,影响范围为 48 m。

4.2.2　相邻工作面煤岩体偏应力第三不变量分布特征

20105 工作面推进引起的畸变能转移、存储过程必然导致煤岩体发生损伤破坏,表现为应变类型的变化。20105 工作面回采期间偏应力第三不变量分布形态如图 4-7 所示,其中图 4-7(a)和图 4-7(b)为模型高度 $z=34$ m 处偏应力不变量分布形态。由图 4-7(a)和图 4-7(b)可知:① 未受采动影响时,煤体应变为平面变形类型,煤体内偏应力第三不变量恒为 0;20105 工作面回采使得侧向煤体受到较大垂直载荷,采空区边缘一定范围内煤体产生压缩变形,偏应力不变量变为负值,但未受到采动影响的较远处煤体仍处于平面变形状态。② 工作面尖角部位应力较为集中,是变形破坏的关键部位,易发生拉伸变形,该区域内的偏应力第三不变量为正值。

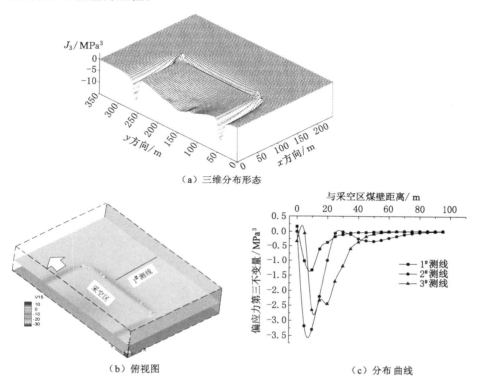

（a）三维分布形态

（b）俯视图　　　　　　　（c）分布曲线

图 4-7　20105 工作面回采引起的偏应力第三不变量分布特征

　　为进一步掌握偏应力第三不变量的侧向分布特征,分别在煤层($z=34$ m)、底板($z=30$ m)和顶板($z=42$ m)处设置 1#、2#、3# 测线,提取各个测线上的应力数值,进而拟合得出偏应力第三不变量侧向分布曲线如图 4-7(c)所示。就 1# 测线而言,煤体内偏应力第三不变量在煤壁($x=0$ m)处的应力值为 0.23 MPa³,随着向煤体深部转移,应力值迅速减小至负值并继续大幅降低,在距煤壁约 10 m 处达到最小值 -1.35 MPa³;随着继续向煤体深部转移,偏应力不变量开始逐渐增大但始终小于 0,并于距煤壁 35 m 处逐渐趋于 0。由此可知,20105 工作面推进将引起相邻 35 m 范围内侧向煤体组织结构损伤并发生压缩变形。对于 2# 测线和 3# 测线而言,偏应力第三不变量与 1# 测线变化趋势基本一致,但峰值应力和影响范围明显不同:底板岩层内(2# 测线)偏应力第三不变量峰值为 -3.26 MPa³,影响范围约为 22 m,顶板岩层内(3# 测线)偏应力第三不变量峰值为-2.78 MPa[3],影响范围为 38 m。

由上述分析可知,20105 工作面的推进将引起相邻 30 m 范围内侧向煤体畸变能的储存、释放和转移,在该过程中煤体裂隙开始扩展、发育,引发组织结构损伤而处于压缩变形状态。由工程条件可知,20103 区段运输平巷与 20105 工作面采空区间的区段煤柱宽度为 8.0 m,换言之,20103 区段运输平巷掘进前,所在区域的煤体已经发生损伤。可见,20105 工作面推进使得沿空巷道附近区域的煤岩体处于高畸变能聚集状态且煤体自身亦发生了显著压缩变形,巷道开挖行为将导致围岩畸变能的二次释放和转移,引发煤岩体进一步损伤破坏。

4.3 掘进期间综放沿空巷道顶板应力位移分布特征

由 3.2 节可知,受到关键块 B 回转下沉影响,20103 区段运输平巷掘进期间呈现顶板不对称破坏;就偏应力不变量而言,不对称矿压显现是不均衡偏应力不变量作用的宏观体现。本节主要研究 20103 区段运输平巷掘进过程中,沿空巷道围岩(顶板和两帮)偏应力不变量分布特征。

4.3.1 综放沿空巷道顶板偏应力不变量分布特征

为准确地掌握掘进期间沿空巷道顶板偏应力不变量分布特征,采用 FLAC[3D] 内置 fish 语言编写偏应力不变量算法程序,并辅以后处理软件获得偏应力不变量三维分布形态。同时,在沿空巷道顶板 0~11.5 m 高度范围内设置 11 条测线,每条测线共计 20 个测点,通过 hist 命令监测各个测点单元体应力大小,进而绘制偏应力不变量分布曲线,沿空巷道顶板应力测线布置如图 4-8 所示。

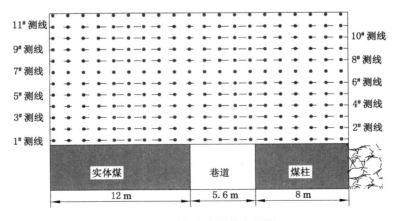

图 4-8 顶板应力测线布置图

20105 工作面回采后偏应力第二不变量在采空区侧向煤体上呈稳定的单峰状分布形态(图 4-6),当 20103 区段运输平巷开始掘进后,上述稳定状态被打破,引发畸变能的释放、转移和重新存储。20103 区段运输平巷掘进期间综放沿空巷道顶板偏应力第二不变量分布曲线如图 4-9 所示,由图可知,20103 区段运输平巷顶板偏应力第二不变量分布具有如下特征:

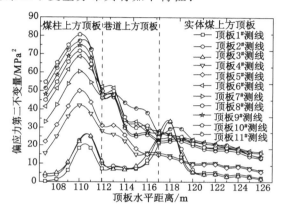

图 4-9 掘进期间综放沿空巷道顶板偏应力第二不变量分布曲线

(1)总体来说,顶板偏应力第二不变量沿水平方向和垂直方向具有不同的分布特征:① 沿水平方向,煤柱上方顶板内偏应力第二不变量值大于巷道和实体煤上方顶板内偏应力不变量值,这表明 8 m 煤柱具备一定的承载能力,可保证其上方顶板岩层结构完整而存储较高的畸变能。反之,若煤柱承载能力较低而发生失稳破坏,将导致其上方顶板岩层破坏,引起偏应力第二不变量峰值向巷道和实体煤上方转移。② 沿垂直方向,不同高度范围内偏应力第二不变量分布呈现不同形态。0~3.5 m 高度范围内(1#~3# 测线)偏应力第二不变量呈"双峰状"分布形态,其分别在煤柱上方顶板和实体煤上方顶板出现两个峰值,且实体煤上方顶板峰值要大于煤柱上方顶板峰值;3.5~11.5 m 高度范围内(4#~11# 测线)偏应力第二不变量在煤柱上方达到峰值,呈"单峰状"分布形态,如图 4-10所示。造成两种不同分布形态的原因在于:受相邻 20105 工作面回采影响,侧向煤体内应力集中成为高储能岩体,而开挖行为使得巷道上方顶板应力释放并向煤柱和实体煤上方运移;因窄煤柱对顶板承载能力有限使得煤柱上方低层位顶板围岩性质劣化和力学性能下降,转移过来的偏应力将再次向实体煤侧顶板转移,最终呈"实体煤侧高、煤柱侧低"的不对称分布特征,而对于更高位岩层,巷道开挖将无法引起两侧畸变能运移,即巷道开挖行为不会影响高位岩层稳定。就本书而言,20103 巷道开挖使得附近煤岩体尤其是煤柱帮的结构发生剧变,进而使得巷道顶板3.5 m范围内岩层受到扰动影响,而对于3.5 m更深处岩体则受到扰动较小。

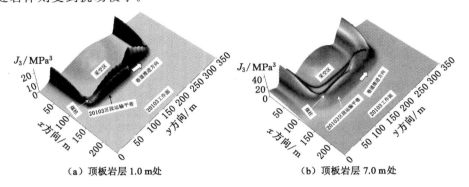

（a）顶板岩层 1.0 m 处　　　　　　　（b）顶板岩层 7.0 m 处

图 4-10　掘进期间综放沿空巷道顶板偏应力第二不变量分布形态

（2）就巷道上方顶板岩层($x=112\sim117.6$ m)而言,偏应力第二不变量呈明显不对称分布,如图 4-9 所示。① $0\sim3.5$ m 高度范围内顶板偏应力第二不变量自煤柱帮边缘的 10 MPa² 开始保持稳定,并于距实体煤帮约 2.0 m 处开始增大,最终在距实体煤帮上方达到最大值 23 MPa²。可见,以巷道中心线为轴,煤柱侧顶板内偏应力第二不变量基本保持恒定值,而实体煤侧顶板内偏应力第二不变量保持增长趋势。从偏应力第二不变量的物理意义来说,围岩变形破坏引起畸变能的转移和释放使得靠煤柱侧顶板处于低畸变能状态,而实体煤侧顶板由于变形破坏程度较小,存储着较高的畸变能且畸变能密度分布差异较大。② $3.5\sim$ 11.5 m 高度范围内,距煤柱帮 $0\sim3$ m 范围内顶板偏应力第二不变量呈台阶式下降,距煤柱帮 $3\sim5.6$ m 范围内偏应力第二不变量呈连续的缓慢降低的趋势。可见,以巷道中心线为轴,靠煤柱侧顶板内偏应力第二不变量值要远大于靠实体煤侧顶板且变化幅度亦大于实体煤侧顶板。

20103 区段运输平巷掘进期间顶板偏应力第三不变量分布曲线如图 4-11 所示。分析可知其具有如下特征:

（1）沿水平方向,自采空区至实体煤帮深处,偏应力第三不变量呈现不同变化趋势:靠采空区侧顶板偏应力第三不变量为正值,煤柱和巷道上方顶板区域偏应力第三不变量减小至 0 以下,而实体煤上方顶板区域偏应力第三不变量趋于 0,表明靠采空区侧顶板岩层处于拉伸变形状态,煤柱和巷道上方顶板岩层处于压缩变形状态,而实体煤上方顶板处于平面变形状态。

（2）就巷道上方顶板而言,不同深度顶板偏应力第三不变量亦呈现不同变化趋势,如图 4-12 所示。① $0\sim3.5$ m 范围内顶板岩层偏应力第三不变量自煤

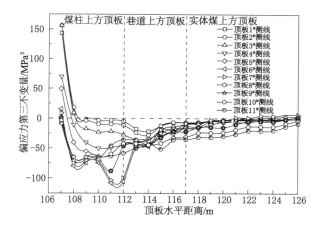

图 4-11 掘进期间综放沿空巷道顶板偏应力第三不变量分布曲线

柱帮边缘开始减小,并于距煤柱帮约 2.0 m 处达到最小值,而后逐渐增长并于距煤柱帮约 3.0 m 处趋于稳定值,但在整个顶板范围内偏应力第三不变量始终小于 0。可见,以巷道中心线为轴,两侧顶板偏应力第三不变量保持不同变化趋势,虽均处于压缩变形状态但程度显著不同。② 3.5~11.5 m 高度范围内偏应力第三不变量自煤柱帮边缘开始迅速增大,并于距煤柱帮约 1.0 m 处增速减缓,随后保持缓慢增长,在整个顶板范围内偏应力第三不变量始终小于 0。可见,以巷道中心线为轴,顶板偏应力第三不变量亦呈现不对称分布特征。

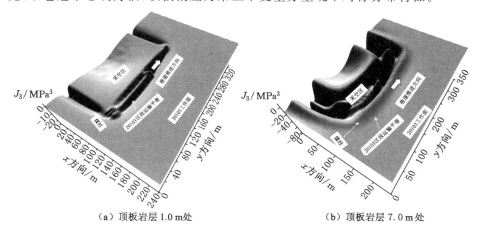

（a）顶板岩层 1.0 m 处 　　　　　　　　（b）顶板岩层 7.0 m 处

图 4-12 掘进期间综放沿空巷道顶板偏应力第三不变量分布形态

4.3.2 综放沿空巷道帮部偏应力不变量分布特征

为探明掘进期间沿空巷道两帮偏应力不变量分布特征,在沿空巷道两帮内设置 8 条测线,通过 hist 命令监测各个测点单元体应力大小并绘制偏应力不变量分布曲线。20103 区段运输平巷煤柱帮内偏应力第二不变量和第三不变量分布曲线如图 4-13 所示。由图可知:

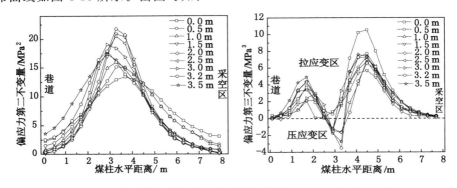

图 4-13　掘进期间综放沿空巷道煤柱帮偏应力不变量分布曲线

(1) 偏应力第二不变量。沿水平方向,自巷道至采空区,偏应力第二不变量呈先增大后减小的趋势,偏应力峰值位于煤柱偏巷道侧 3.0 m 处,且峰值强度大于 15 MPa^2;沿垂直方向,由低至高,偏应力第二不变量的峰值亦呈先增大减小的趋势,并在煤柱 2.0 m 高度处取得最大值,应力值约为 25 MPa^2;靠近顶板处煤柱(3.5 m 高度处)偏应力第二不变量保持低偏应力值,表明该处围岩已经处于损伤状态。

(2) 偏应力第三不变量。8 m 煤柱内存在两个应变转折点(3 m、4 m 处),0~3 m 范围内围岩处于拉应变状态,3~4 m 范围内围岩处于压应变状态,4~8 m范围内围岩处于拉应变状态,即自巷道至采空区,煤柱内应变转化特征为:拉应变→压应变→拉应变。在靠近巷道侧 0~3 m 范围内,偏应力第三不变量先增大后减小,并于深部 3 m 位置处由正值转变为负值(由拉应变转变为压应变),该区域内偏应力第三不变量峰值强度变化不大,保持在 2~6 MPa^3;靠采空区侧 0~4 m 范围内偏应力第三不变量先增大后减小,并于深部约 4 m 位置处开始由正值转变为负值(由拉应变转变为压应变),偏应力第三不变量峰值强度为 6~12 MPa^{3}不等。

20103 区段运输平巷掘进区间综放沿空巷道实体煤帮偏应力不变量分布曲线如图 4-14 所示。由图可知:

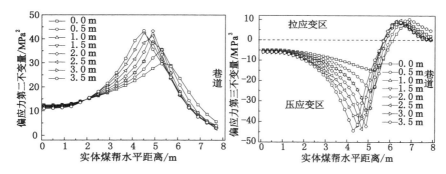

图 4-14　掘进期间综放沿空巷道实体煤帮偏应力不变量分布曲线

（1）偏应力第二不变量。沿水平方向，由浅至深，偏应力第二不变量呈先增大后减小的趋势：自巷道边缘 3 MPa² 开始快速增加，在距离巷帮 4～5 m 处达到最大值，然后逐渐减小趋于恒定。沿垂直方向，由低至高，偏应力第二不变量的峰值呈逐渐增大的趋势，巷帮底板处偏应力不变量峰值强度约为 28 MPa²，巷帮顶板处偏应力第二不变量峰值强度约为 44 MPa²。

（2）偏应力第三不变量。实体煤帮浅部 0～2 m 范围内围岩偏应力第三不变量保持正值，且呈先增大后减小的趋势，最大偏应力不变量峰值强度约为 10 MPa³，该范围内围岩处于拉伸变形状态；2～6 m 范围内偏应力第三不变量急剧降低，由拉伸变形状态转化为压缩变形状态，并于深部 6 m 后逐渐趋于平面变形状态。

4.3.3　综放沿空巷道顶板位移场分布特征

偏应力不变量的不对称分布必将导致变形破坏的不对称性，而位移分布特征是巷道顶板变形破坏的宏观体现；由于浅部顶板岩层变形直接关系着巷道整体稳定，故本书主要分析巷道上方 0～6.5 m 高度范围内顶板的变形规律。图 4-15 为沿空巷道顶板垂直位移和水平位移等值线图，图 4-16 为顶板岩层不同高度处垂直位移和水平位移变化曲线。图中横坐标"0"点为实体煤帮，0～5.6 m 为巷道上方顶板，5.6～13.6 m 为煤柱上方顶板，0～－10 m 为实体煤上方顶板。由图可知：① 以巷道中心线为对称轴，靠煤柱侧顶板下沉量（约 340 mm）明显大于靠实体煤侧顶板下沉量（约 250 mm），靠煤柱侧顶角部位变形量尤为突出，最大位移达 320 mm。② 0～2.5 m 高度内顶板发生弯曲下沉，最大位移达 467 mm，发生于巷道中心偏煤柱侧 200～600 mm 范围内；3.5～6.5 m 高度内由于关键块回转运动引起的围岩结构性调整，顶板垂直位移不对称性更加突出，即垂直位移自煤柱侧至实体煤侧近似线性降低，最大垂直位移发生于煤柱边缘。

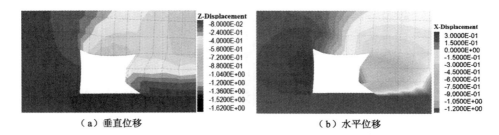

（a）垂直位移 （b）水平位移

图 4-15 垂直位移和水平位移等值线图

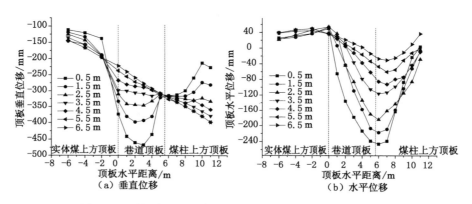

（a）垂直位移 （b）水平位移

图 4-16 顶板岩层不同高度处垂直位移和水平位移变化曲线

③ 顶板岩层由两侧向巷道中部发生水平挤压,靠煤柱侧水平位移量(约 241 mm)明显大于靠实体煤侧水平位移量(约 40 mm),且"0"水平位移点由顶板中心位置向实体煤侧明显偏移。④ 随着顶板岩层层位增加(0→6.5 m),靠煤柱侧顶板水平位移量由 241 mm 骤减至 30 mm,相邻岩层间水平位移量的巨大差异必将导致相邻岩层间的错动滑移;而靠实体煤侧顶板最大水平位移始终保持在 40 mm 左右,相邻岩层间位移差异性较小。

可见,不同于常规静压条件下的实体煤巷道,由于围岩性质结构和应力分布沿巷道中心线的不均匀分布,综放松软窄煤柱沿空巷道顶板偏应力不变量、垂直位移和水平位移均以巷道中心线为轴呈明显不对称分布特征,靠煤柱侧顶板变形破坏程度明显大于靠实体煤侧顶板变形破坏程度。因此,在实际巷道设计、施工过程中,应提高靠煤柱侧顶板支护强度并确保支护结构对水平变形的适应性。

4.4 本工作面回采期间综放沿空巷道顶板应力位移分布特征

4.4.1 本工作面回采期间覆岩运动特征及其对巷道矿压影响

在 20103 工作面回采前,关键块 B 在实体煤侧岩块 A、采空区侧岩块 C 的铰接作用及采空区冒落矸石的支撑作用下形成稳定的砌体梁结构。当 20103 工作面开始推进后,原有的砌体梁结构稳定状态将被打破,实体煤侧上方的岩块 A 将发生破断,并以 A、B 岩块的铰接点为中心向本区段采空区发生回转,并迫使关键块 B 亦向采空区方向发生回转,直至达到新的平衡状态[141]。

沿工作面倾斜方向对基本顶破断运动过程及其对沿空巷道矿压的影响分析如下[142]:① 随着 20103 工作面推进到一定长度,采空区上方基本顶发生破断,破断线与原有破断线贯通,随即产生新的岩块 B′并与原有岩块 B 连通,20103 工作面回采阶段综放沿空掘巷覆岩结构模型如图 4-17 所示。② 新岩块 B′形成后,在自重作用下向本工作面采空区方向回转,并导致相邻工作面上方岩块 B

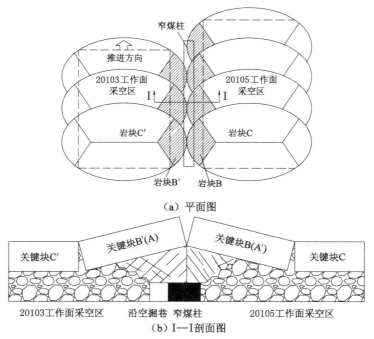

（a）平面图

（b）I—I剖面图

图 4-17　20103 工作面回采阶段综放沿空掘巷覆岩结构模型

亦发生运动,此时,关键块 B 和 B′ 均处于不稳定运动状态,造成较高的支承压力,且支承压力的峰值和影响范围要远大于相邻工作面回采所引起的峰值压力和影响范围。③ 需要指出的是,从本工作面开始推进到上覆砌体梁结构失稳是一个循序渐进的过程,随着下部支撑煤体的逐渐采出,砌体梁结构受到的载荷不断增加,但因各个块体间的边界和作用条件没有明显变化,因而在此期间整体结构仍是稳定的,但覆岩载荷和巷道受到的变形和破坏不断增大;只有工作面推进长度达到极限步距(初次来压或者周期来压步距),平衡结构才会被打破。④ 由于顶板岩层运动产生的高支承压力,加之巷道煤体本身的松软特性,窄煤柱完整性和承载能力进一步降低,使得沿空巷道发生结构性调整引发大变形[143],且由于应力的不均衡特征,造成顶板、实体煤帮和煤柱帮在破坏形式和程度上的差异性,即不对称矿压显现特征。

沿工作面推进方向,沿空巷道上覆岩层结构模型如图 4-18 所示[142]。当工作面将要推至岩块 B_2' 时,在回转力矩的作用下,岩块将向工作面后方回转下沉,进而影响到 B_3' 的稳定性,致使 B_3' 区域内支承压力迅速上升,在此过程中,B_2' 和 B_3' 区域内围岩变形破坏将显著加剧。依此类推,由于巷道上覆岩体结构中各块体间的相互影响,将导致超前工作面一定范围内巷道围岩变形随着与工作面距离的接近而逐步增大。

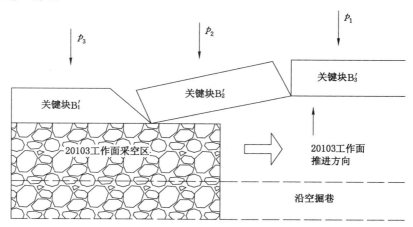

图 4-18　沿工作面推进方向覆岩结构模型

综上可知,在本工作面回采期间,受巷道上方砌体梁结构二次破断和回转运动影响,超前支承压力和侧向支承压力在沿空巷道附近形成高支承压力,致使沿空巷道处于剧烈变形破坏状态且变形破坏程度要明显大于巷道掘进期间巷道的变形破坏程度。

4.4.2 本工作面回采期间顶板偏应力不变量分布特征

为了掌握本工作面回采期间顶板偏应力不变量分布特征,在数值运算过程中通过 fish 语言和后处理软件获得偏应力不变量三维分布形态,同时记录顶板岩层单元体应力并绘制偏应力不变量分布曲线。20103 工作面回采期间综放沿空巷道顶板偏应力第二不变量分布曲线如图 4-19 所示,顶板偏应力第二不变量分布具有如下特征:

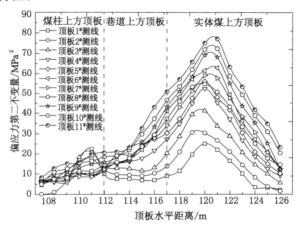

图 4-19　20103 工作面回采期间综放沿空巷道顶板偏应力第二不变量分布曲线

(1) 本工作面回采期间,工作面前方偏应力第二不变量呈先增大后减小的趋势,并在工作面前方 25 m 处达到最大值;工作面靠采空区端头区域,偏应力不变量值最大,该区域煤岩体存储的畸变能最高,是最容易发生变形破坏的部位。

(2) 偏应力第二不变量沿水平方向和垂直方向具有不同的分布特征:① 沿水平方向,实体煤上方顶板内偏应力第二不变量值要明显大于巷道和煤柱上方顶板内偏应力第二不变量值,表明受基本顶二次破断影响,煤柱承载能力大幅降低,致使其上方顶板岩层破坏而对畸变能的存储能力大幅降低,从而引起偏应力第二不变量峰值向实体煤上方顶板转移。② 沿垂直方向,不同高度范围内偏应力第二不变量分布呈现不同形态,如图 4-20 所示。$0 \sim 3.5$ m 高度范围内($1^{\#} \sim 3^{\#}$ 测线)偏应力不变量呈"双峰状"分布形态,其分别在煤柱上方和实体煤上方顶板达到峰值,且实体煤上方峰值要大于煤柱上方峰值;$3.5 \sim 11.5$ m 高度范围内($4^{\#} \sim 11^{\#}$ 测线)偏应力不变量在实体煤上方达到峰值,呈"单峰状"分布形态。

(3) 就巷道上方顶板岩层($x = 112 \sim 117.6$ m)而言,偏应力第二不变量呈明显不对称分布。① 0～3.5 m 高度范围内顶板偏应力第二不变量自煤柱侧边缘的 8 MPa² 开始保持基本恒定,并在距实体煤帮约 1.0 m 处开始增大直至实体煤侧。② 3.5～11.5 m 高度范围内顶板偏应力第二不变量自煤柱侧边缘的 10 MPa² 开始增大并在实体煤侧达到最大值;且岩层层位越高,实体煤侧顶板偏应力第二不变量越大。可见,以巷道中心线为轴,实体煤侧顶板内偏应力第二不变量值和变化幅度均大于煤柱侧顶板。

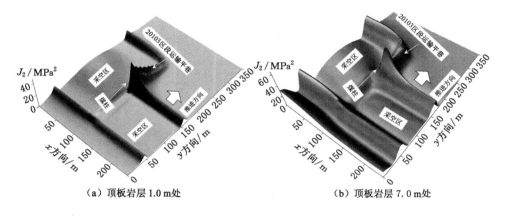

（a）顶板岩层 1.0 m 处　　　　　　（b）顶板岩层 7.0 m 处

图 4-20　回采期间综放沿空巷道顶板偏应力第二不变量分布形态

20103 工作面回采期间综放沿空巷道顶板偏应力第三不变量分布曲线如图 4-21所示,由图可知其具有如下特征:

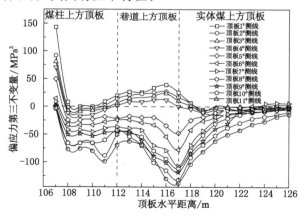

图 4-21　回采期间综放沿空巷道顶板偏应力第三不变量分布曲线

（1）沿水平方向,自采空区至实体煤帮深处,不同高度范围内顶板偏应力第三不变量呈现不同变化趋势。① 0～3.5 m 高度范围内,靠采空区侧顶板偏应力第三不变量为正值,煤柱上方顶板偏应力第三不变量小于 0,巷道顶板上方偏应力第三不变量大于 0,实体煤上方深部顶板偏应力第三不变量逐渐减小至 0,即应变类型经历了拉应变→压应变→拉应变→平面应变的过程。② 3.5～11.5 m高度范围内,靠采空区侧顶板偏应力第三不变量为正值,煤柱和巷道上方顶板区域偏应力第三不变量小于 0,自实体煤上方深部顶板逐渐增大至 0,随后保持稳定,即应变类型经历了拉应变→压应变→平面应变的过程。

（2）就巷道上方顶板而言,以巷道中心线为轴,不同高度范围内偏应力第三不变量分布呈现不对称分布特征。① 0～3.5 m 高度范围内,顶板岩层偏应力第三不变量自煤柱侧边缘开始增加,并在距实体煤帮约 1.0 m 处达到最大值,而后开始迅速降低并趋于 0;该范围内顶板偏应力第三不变量保持恒大于 0,表明受巷道开挖影响顶板岩层处于拉伸变形状态。② 3.5～11.5 m 高度范围内,顶板岩层偏应力第三不变量自煤柱侧边缘开始逐渐减小,并在实体煤侧达到最大值;且岩层层位越高,实体煤侧顶板偏应力第三不变量越小;该范围内顶板偏应力第三不变量保持恒小于 0,表明顶板岩层处于压缩变形状态。

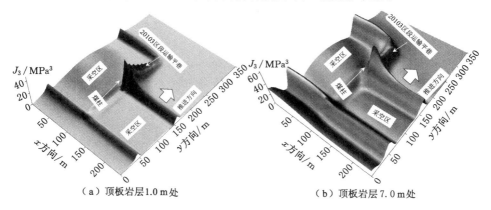

（a）顶板岩层1.0 m处　　　　　　（b）顶板岩层7.0 m处

图 4-22　回采期间综放沿空巷道顶板偏应力第三不变量分布形态

4.4.3　20103 工作面回采期间顶板位移场分布特征

由理论分析可知,受基本顶破断及岩块间的相互作用影响,在超前工作面一定范围内煤岩体变形破坏将显著增大。图 4-23 为 20103 工作面推进至 150 m 时,工作面前方 10 m 处巷道位移等值线图。对比巷道掘进期间顶板变形特征（图 4-15）可知:① 本工作面回采期间沿空巷道顶板变形仍具有靠煤柱侧顶板变形量大于靠实体煤侧顶板变形量的不对称特征,且垂直方向和水平方向位移量均明显增大,不对称特征更加明显。② 垂直位移由靠煤柱侧顶板至靠实体煤侧顶板呈线性降低趋势,最大垂直位移发生于靠煤柱侧顶板边缘(约 514 mm),靠实体煤侧顶板最大垂直位移约 462 mm;靠煤柱侧顶板水平位移(约 267 mm)明显大于靠实体煤侧顶板水平位移(约 53 mm)且相邻岩层间水平位移量差异更大。

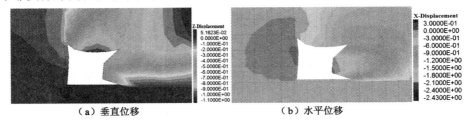

（a）垂直位移 　　　　　　　　　　（b）水平位移

图 4-23　工作前方 10 m 处巷道位移等值线图

图 4-24 为工作面回采至 150 m 时,工作面前方 80 m 范围内顶板表面围岩垂直位移和水平位移变化曲线。由图可知,随着与工作面距离减小,顶板垂直位移和水平位移逐渐增大,当与工作面距离减小至 40 m 内时,垂直位移和水平位移增大幅度迅速增加,最大垂直位移和水平位移依次为 704 mm 和 442 mm。

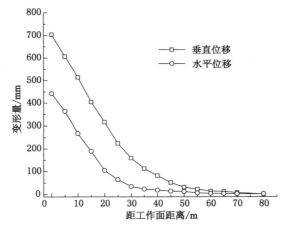

图 4-24　工作面前方 80 m 范围内顶板表面围岩垂直位移和水平位移变化曲线

4.4.4　综放沿空巷道顶板畸变能迁移过程

对于王家岭煤矿 20103 区段运输平巷而言,其先后受到相邻工作面回采、巷道掘进和本工作面回采影响;对于巷道附近煤岩体而言,这是一个反复的加载和卸载过程,伴随着畸变能多次释放和转移[144-145]。结合数值模拟结果和现场工程实践,20103 区段运输平巷服务期间应力和畸变能演化过程如下:

（1）相邻工作面回采期间,沿空巷道附近煤岩体经历了加载和卸载的过程。巷道附近煤岩体原本处于三向受压状态,受到工作面回采引起的支承压力作用,巷道附近围岩受到的垂直方向载荷增大,煤体内开始积聚畸变能,当畸变能超过煤岩体强度时,其内部结构面开始发生张开和滑移,伴随着自身组织结构的改变,表现为煤体弹性模量和强度的降低;此时,其内部存储的部分畸变能开始释放,并有部分畸变能往更深部煤岩体内转移,最终达到新的平衡状态[146],如图 4-6 所示。

（2）巷道掘进是一个先加载后卸载的过程。巷道开挖行为使得原有平衡状态被打破,巷道区域煤体采出导致巷道围岩切向应力加载而径向应力卸载[147],并使得巷道上方顶板岩层压力开始向两侧煤体(煤柱和实体煤)转移;在这个应力调整过程中,巷道浅部围岩畸变能再次释放和转移,伴随着相应的变形及煤体的自身性能下降,反过来致使其存储畸变能的能力降低,使得畸变能向深部煤岩体逐渐转移,如此反复,直至一个新的平衡。需要指出的是,由于巷道开挖空间小,其造成的扰动范围较小,围岩应力偏量变化主要体现在浅部围岩,如图 4-9 所示。

（3）本工作面回采期间,巷道围岩主要经历了加载作用。在工作面前方两个周期来压步距范围内,受基本顶回转下沉影响,沿空巷道受到更大的垂直载荷作用,由于窄煤柱和实体煤帮煤体的损坏,畸变能将往更深部的煤岩体内转移。如图 4-19 所示,畸变能整体由煤柱侧围岩转移到实体煤侧围岩。

综上所述,沿空巷道在服务期间经历了三次畸变能的释放和转移,在这个过程中,畸变能逐渐往煤体深部转移。从岩石力学角度而言,在畸变能密度达到煤体破坏极限之前,相当于对岩体进行加载,存储的畸变能逐渐增大;在畸变能密度达到煤体破坏极限之后,畸变能因煤体发生损伤而卸载,从而逐渐减小。

4.5　综放沿空巷道顶板不对称破坏影响因素分析

为进一步研究综放沿空巷道顶板不对称破坏机制,本节将分析综放沿空巷道围岩稳定性的主要影响因素。整体而言,顶板不对称破坏的主要影响因素可分为应力环境和围岩强度两类。应力环境主要包括原岩应力(垂直应力和水平应力)及工作面采动引起的其他应力影响因素;围岩强度主要包括煤岩体力学性能及节理面、水、温度等影响因素[127]。由于涉及因素较多,研究过程中各单一因素还涉及其他参数取值。若采用相似模拟试验方法,需要建立较多试验模型,经济成本高昂;若采用理论解析法,边界条件、煤岩不连续性等因素导致计算结果与实际情况存在较大差距。相比而言,数值软件模拟具有功能强大、高效便捷、可重复性等优点[148],因此,本书主要采用 FLAC[3D]软件对顶板不对称破坏主要影响因素展开研究。

4.5.1 数值模型建立与模拟方案

在图 4-1 基础上建立平面应变数值计算模型,模型尺寸为 240 m×100 m× 0.5 m,模型包括 20103 工作面、20105 工作面及巷道和煤柱系统。模型边界条件、煤岩体参数等均如前所述。数值模拟过程为:初始应力计算→20105 区段回风平巷开挖→20105 工作面开挖→20103 区段运输平巷开挖。

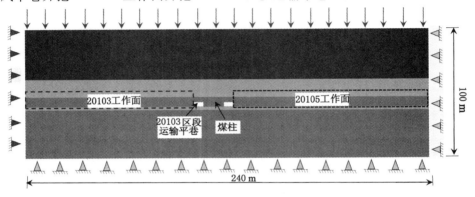

图 4-25　平面应变数值计算模型

本书主要讨论顶板应力场和位移场对煤柱宽度、强度的响应特征。模拟方案如下:

(1)煤柱强度不变(软煤),讨论煤柱宽度依次为 5 m、8 m、11 m、14 m、17 m、20 m 时,顶板岩层偏应力场、位移场和塑性破坏分布特征。

(2)煤柱宽度(8 m)不变,讨论煤柱强度依次为极软煤、软煤、中硬煤和硬煤时,顶板岩层偏应力场、位移场和塑性破坏分布特征。不同强度条件下煤柱物理力学参数如表 4-5 所列。

表 4-5　不同强度条件下煤柱物理力学参数[29,149]

煤柱强度	体积模量 /GPa	剪切模量 /GPa	内摩擦角 /(°)	黏聚力 /MPa	抗拉强度 /MPa
极软煤	1.09	0.41	18	0.5	2
软煤	8.30	1.80	18	0.9	5
中硬煤	8.30	3.90	20	2.2	15
硬煤	11.00	8.30	30	4.0	30

4.5.2　煤柱宽度对沿空巷道顶板不对称破坏的影响

4.5.2.1　偏应力分布特征

图 4-26 为不同煤柱宽度下沿空巷道顶板偏应力和塑性区分布特征。由图可知：① 当煤柱宽度为 5 m 时，煤柱处于完全破碎状态无法保障巷道围岩整体

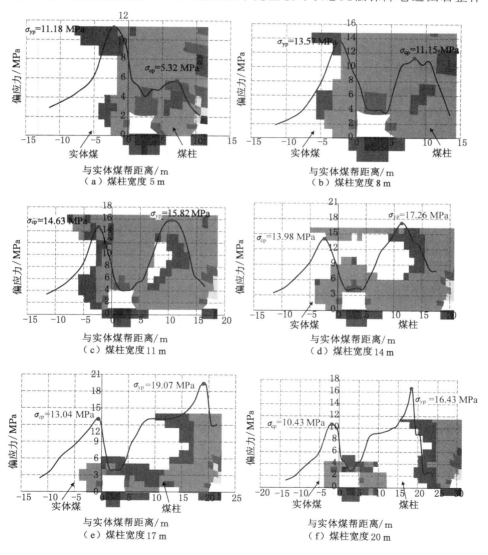

图 4-26　不同煤柱宽度下沿空巷道顶板偏应力和塑性区分布特征

性;巷道围岩均处于大范围塑性破坏状态,顶板、实体煤帮和底板塑性破坏范围依次为 11.2 m、4.8 m、3.6 m,此时煤柱上方顶板偏应力仅为 5.32 MPa,低于原岩应力(7.5 MPa),而实体煤上方顶板应力保持为 11.18 MPa。② 当煤柱宽度为 8 m 时,煤柱虽仍处于完全破碎状态但已具有一定的承载能力,煤柱上方顶板偏应力增加至 11.15 MPa,高于原岩应力,但巷道围岩整体塑性破坏范围无明显变化。③ 当煤柱宽度增大为 11 m 时,煤柱上方顶板开始出现一定数量的弹性单元,煤柱承载能力进一步提高,煤柱上方顶板偏应力值增大至 15.82 MPa,高于原岩应力,而实体煤上方顶板偏应力为 14.63 MPa;顶板和底板塑性区面积稍有降低,但塑性区深度不变。④ 当煤柱宽度为 14 m 时,顶板塑性区深度减少为 7.5 m,实体煤帮和底板塑性区范围变化不大;煤柱和实体煤上方顶板内偏应力峰值依次为 17.26 MPa 和 13.98 MPa。⑤ 当煤柱宽度为 17 m 时,煤柱内出现一定数量的弹性单元,煤柱承载能力大幅提高,围岩塑性区范围明显减小,顶板、实体煤帮和底板塑性区深度依次为 3.0 m、3.2 m 和 2.4 m;此时,巷道开挖和相邻工作面开采引起的采动应力分别在煤岩体内集中,致使煤柱上方顶板内偏应力演变为“双峰状”分布,最大应力为相邻工作面开采引起的偏应力(19.07 MPa)。⑥ 当煤柱宽度为 20 m 时,巷道顶板、实体煤帮、煤柱帮和底板的塑性区深度依次为 3.0 m、2.8 m、4.3 m 和 1.8 m,煤柱上方顶板最大应力为 16.43 MPa,巷道稳定性较高。

将实体煤、巷道和煤柱上方顶板视为一个系统,顶板偏应力转移规律如下:① 煤柱宽度为 5~8 m 时,煤柱大范围破坏导致上方顶板承载能力较小,顶板偏应力向实体煤侧转移,最终呈现“实体煤侧高、煤柱侧低”的分布特征。② 煤柱宽度为 11~17 m 时,煤柱承载能力增大,煤柱上方顶板存储应力的能力提高,顶板内应力开始向煤柱侧转移,呈现“煤柱侧高、实体煤侧低”的分布特征,且随着煤柱宽度的增大,煤柱上方顶板内偏应力逐渐增大:在煤柱宽度由 11 m 增大至 17 m 过程中,实体煤上方顶板偏应力由 14.63 MPa 降低为 13.04 MPa,煤柱上方顶板偏应力由 15.82 MPa 增大为 19.07 MPa。③ 煤柱宽度为 5~8 m 时,偏应力峰值位于实体煤上方顶板,随着煤柱宽度增大,偏应力峰值向煤柱上方顶板转移,当煤柱宽度增大至 11 m 以上时,峰值转移至煤柱上方顶板;即随着柱宽增大,顶板偏应力转移路径为:实体煤侧顶板→煤柱侧顶板。

4.5.2.2　垂直位移分布特征

不同煤柱宽度下 20103 区段运输平巷顶板垂直位移分布如图 4-27 所示,不同煤柱宽度下顶板表面围岩垂直位移变化曲线如图 4-28 所示。由图可知:① 以巷道中心线为轴,顶板垂直位移等值线明显向煤柱侧偏移,表明靠煤柱侧顶板垂直位移明显大于靠实体煤侧顶板垂直位移。② 煤柱宽度越小,煤柱帮挤

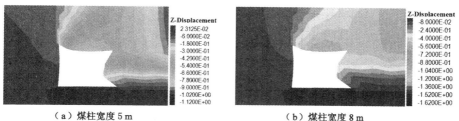

（a）煤柱宽度 5 m　　　　　　　　（b）煤柱宽度 8 m

（c）煤柱宽度 11 m　　　　　　　　（d）煤柱宽度 14 m

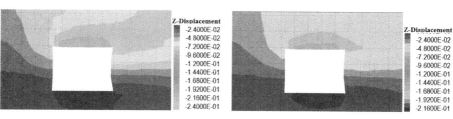

（e）煤柱宽度 17 m　　　　　　　　（f）煤柱宽度 20 m

图 4-27　不同煤柱宽度下 20103 区段运输平巷顶板垂直位移分布

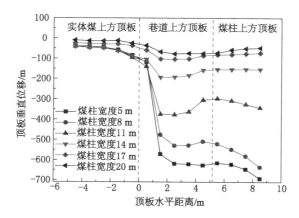

图 4-28　不同煤柱宽度下顶板表面围岩垂直位移变化曲线

出变形越严重,对顶板支撑能力越差,靠煤柱侧顶板下沉越严重,顶板变形的不对称性越明显;如图 4-27 所示,当煤柱宽度为 17 m 和 20 m 时,垂直位移等值线仅向煤柱侧方向发生偏移,而当煤柱宽度为 5 m 和 8 m 时,巷道顶板已明显向煤柱侧倾斜。③ 由图 4-28 可知,沿空巷道顶板浅部围岩呈显著的不对称下沉特征,靠煤柱侧顶板垂直位移明显大于靠实体煤侧顶板垂直位移,且煤柱宽度越小,靠煤柱侧顶板垂直位移越大,不对称性越明显:煤柱宽度由 20 m 减小至 5 m 过程中,靠煤柱侧顶板垂直位移依次为 72 mm、81 mm、154 mm、307 mm、547 mm、623 mm。

4.5.2.3　水平位移分布特征

不同煤柱宽度下 20103 区段运输平巷顶板水平位移分布如图 4-29 所示,不同煤柱宽度下顶板表面围岩水平位移变化曲线如图 4-30 所示。由图可知:① 以巷道中心线为轴,水平位移等值线向煤柱侧发生明显运移,表明靠煤柱侧

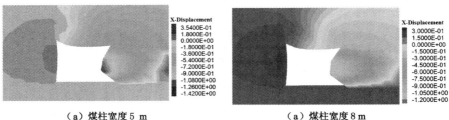

（a）煤柱宽度 5 m　　　　　　　　　（a）煤柱宽度 8 m

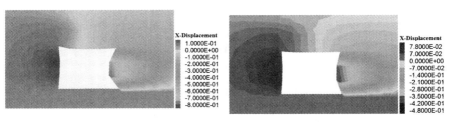

（c）煤柱宽度 11 m　　　　　　　　　（d）煤柱宽度 14 m

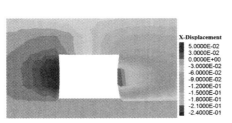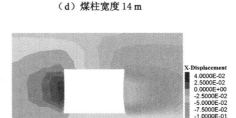

（e）煤柱宽度 17 m　　　　　　　　　（f）煤柱宽度 20 m

图 4-29　不同煤柱宽度下 20103 区段运输平巷顶板水平位移分布

顶板水平运动程度大于靠实体煤侧顶板水平运动程度。② 煤柱宽度越小,发生水平运动的顶板岩层范围越大、水平位移量越大,当煤柱宽度为 17 m 和 20 m 时,顶板岩层水平位移等值线沿巷道中心线近似对称分布,但当煤柱宽度减少至 11 m 以下时,水平位移等值线向煤柱侧发生了明显偏移。③ 顶板水平位移曲线自实体煤侧向煤柱侧近似呈线性增大趋势,表明顶板表面围岩自煤柱侧向实体煤侧发生明显水平运动,最大位移发生于靠煤柱顶角位置;随着煤柱宽度增大,最大水平位移依次为 451 mm、412 mm、248 mm、125 mm、62 mm、39 mm。

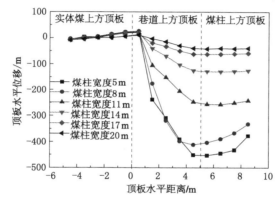

图 4-30 不同煤柱宽度下顶板表面围岩水平位移变化曲线

4.5.3 煤柱力学性质对顶板不对称破坏的影响

4.5.3.1 偏应力分布特征

图 4-31 为不同煤柱强度下沿空巷道顶板偏应力和塑性区分布特征。由图可知:① 煤柱为极软煤层时,煤柱整体处于塑性破坏状态并向巷道内发生挤出变形,巷道顶板、实体煤帮和底板塑性区深度依次为 10.3 m、7.6 m 和 3.6 m,煤柱上方顶板偏应力峰值为 7.34 MPa,实体煤上方顶板偏应力峰值为 13.76 MPa。② 煤柱为软煤层时,煤柱承载能力提高,其上方顶板自承能力随之增大,偏应力峰值增大为 11.15 MPa,而实体煤上方顶板偏应力基本无变化;巷道围岩塑性区范围和深度亦无明显变化。③ 煤柱为中硬煤层时,煤柱承载能力及其顶板岩层承载能力亦提高,煤柱上方顶板偏应力峰值为 12.87 MPa,而实体煤上方顶板偏应力峰值降低至 12.36 MPa。④ 煤柱为硬煤层时,煤柱承载能力和对顶板的支撑能力达到最大,巷道围岩稳定性大幅提高,顶板、实体煤帮和底板围岩塑性区面积降低;煤柱和实体煤上方顶板偏应力峰值为 15.57 MPa 和 14.06 MPa。

将实体煤、巷道和煤柱上方顶板视为一个系统,顶板偏应力呈如下转移规律:

当煤柱为极软或者软煤层时,煤柱自身承载能力差,其上方顶板存储偏应力的能力较弱,使得高应力向实体煤侧转移,最终顶板偏应力呈"实体煤侧高、煤柱侧低"的分布特征;当煤柱为中硬或硬煤层时,煤柱承载能力增大,煤柱上方顶板存储偏应力的能力提高,顶板应力开始由实体煤上方顶板向煤柱上方顶板转移,呈现"煤柱侧高、实体煤侧低"的分布特征,且煤柱强度越高,煤柱上方顶板内偏应力越大。即随着煤柱强度增大,顶板偏应力峰值转移路径为:实体煤侧顶板→煤柱侧顶板。

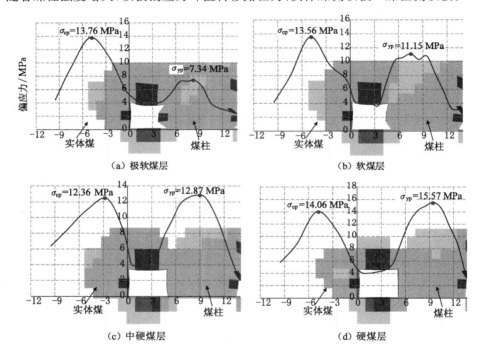

图 4-31　不同煤柱强度下沿空巷道顶板偏应力和塑性区分布特征

4.5.3.2　垂直位移分布特征

不同煤柱强度下 20103 区段运输平巷顶板垂直位移分布如图 4-32 所示,不同煤柱强度下顶板垂直位移变化曲线如图 4-33 所示。由图可知:① 当煤柱为硬煤层时,顶板垂直位移等值线以巷道中心线为轴近似对称分布;当煤柱为中硬煤层时,顶板位移等值线开始向煤柱侧发生偏移,但巷道上方顶板区域基本保持对称分布;当煤柱为软煤层时,垂直位移等值线进一步向煤柱侧偏移,煤柱和实体煤上方顶板位移等值线已经明显不对称;当煤柱为极软煤层时,巷道上方顶板岩层垂直位移等值线已明显向煤柱侧偏移。垂直位移等值线偏移过程表明:煤柱强度越低,自身压缩变形越严重,其对顶板支撑作用越差,煤柱侧顶板下沉越明显,顶板下沉的不对称性越明显。② 由图 4-33 可知,顶板表面围岩发生弯曲下沉,最大垂直位移发生于巷道中部区域;但以巷道中心线为轴,靠煤柱侧顶板垂直位移明显大于靠实体煤侧顶板垂直位移,且煤柱强度越低,靠煤柱侧顶板垂直位移越大,不对称性越明显;当煤柱为极软煤层、软煤层、中硬煤层和硬煤层时,煤柱侧顶板垂直位移依次为 508 mm、346 mm、167 mm、66 mm。

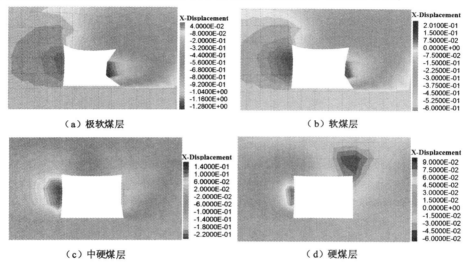

（a）极软煤层　　　　　　　　　　（b）软煤层

（c）中硬煤层　　　　　　　　　　（d）硬煤层

图 4-32　不同煤柱强度下 20103 区段运输平巷顶板垂直位移分布

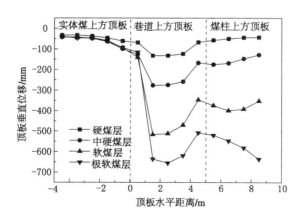

图 4-33　不同煤柱强度下顶板垂直位移变化曲线

4.5.3.3　水平位移分布特征

不同煤柱强度下 20103 区段运输平巷顶板水平位移分布如图 4-34 所示,不同煤柱强度下顶板水平位移变化曲线如图 4-35 所示。由图可知:① 以巷道中心线为轴,水平位移等值线向煤柱侧发生运移,表明靠煤柱侧顶板水平运动程度大于实体煤侧顶板水平运动程度;且煤柱强度越低,等值线运移程度越明显,表明顶板水平运动越剧烈。② 由图 4-35 可知,顶板水平位移曲线自实体煤侧向煤柱侧近似呈线性增大趋势,表明顶板表面围岩由煤柱侧向实体煤侧发生明显水平运动,最大水平位移出现在靠煤柱侧顶角位置。随着煤柱强度降低,最大水平位移量明显增大,不对称性愈发明显,最大水平位移量依次为 453 mm、324 mm、155 mm、32 mm。

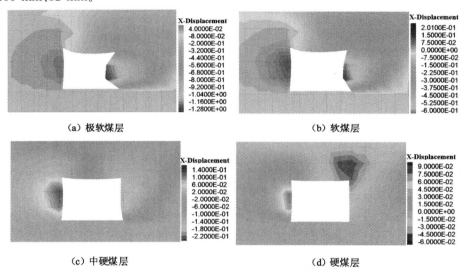

图 4-34　不同煤柱强度下 20103 区段运输平巷顶板水平位移分布

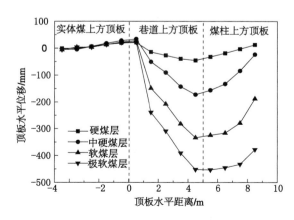

图 4-35　不同煤柱强度下顶板水平位移变化曲线

4.6　本章小结

（1）为较好地还原采空区冒落矸石的力学行为，采用双屈服模型模拟采空区冒落矸石，通过经验公式和试错方法得出盖帽压力和材料参数；验证结果表明，超过 90％的原岩应力在距采空区边缘 85 m 处（约 28％埋藏深度处）逐渐恢复，因此，双屈服模型及核定参数可以较好地还原采空区冒落和压实过程。

（2）20105 工作面回采期间，侧向煤体内偏应力第二不变量呈先增大后减小趋势，在距煤壁约 15 m 处达到最大值 4.8 MPa^2；偏应力第三不变量呈先减小后增大趋势，在距煤壁约 10 m 处达到最小值 -1.35 MPa^3；20105 工作面开挖将引起相邻 30 m 范围内侧向煤体畸变能储存、释放和转移，在该过程中煤体原生裂隙开始扩展、发育，组织结构发生损伤而处于压缩应变状态。

（3）掘进期间，0～3.5 m 高度范围内顶板偏应力第二不变量呈"双峰状"分布形态，分别在煤柱上方和实体煤上方顶板出现两个峰值，且实体煤上方顶板峰值要大于煤柱上方顶板峰值；3.5～11.5 m 高度范围内偏应力第二不变量呈"单峰状"分布形态，在煤柱上方达到峰值；就巷道上方顶板浅部岩层而言，靠实体煤侧顶板存储着较低的畸变能，靠煤柱侧顶板存储着较高的畸变能且畸变能密度分布差异较大。

（4）20103 工作面回采期间，受上覆岩层二次破断影响，煤柱承载能力进一步降低，致使其上方顶板岩层畸变能存储能力降低，引起偏应力第二不变量峰值向实体煤上方顶板转移；0～3.5 m 高度范围内偏应力第二不变量仍呈"双峰状"分布形态，实体煤上方顶板峰值要大于煤柱上方顶板峰值；3.5～11.5 m 高度范围内偏应力第二不变量呈"单峰状"分布形态，在实体煤上方顶板达到峰值。

（5）当煤柱宽度为 5～8 m 时，偏应力峰值位于实体煤上方顶板岩层内，随着煤柱宽度增大，偏应力峰值向煤柱上方顶板转移，当煤柱宽度增大至 11 m 及以上时，偏应力峰值转移至煤柱上方顶板岩层，即随着煤柱宽度增大，顶板岩层内偏应力转移路径为：实体煤上方顶板→煤柱上方顶板。

（6）当煤柱为软或极软煤层时，偏应力峰值位于实体煤上方顶板，顶板岩层内偏应力呈"实体煤侧高、煤柱侧低"的分布特征；当煤柱为中硬或硬煤层时，顶板岩层内偏应力开始由实体煤上方顶板向煤柱上方顶板转移，呈现"煤柱侧高、实体煤侧低"的分布特征。即随着煤柱强度由低到高，顶板岩层内偏应力峰值转移路径为：实体煤上方顶板→煤柱上方顶板。

（7）沿空巷道顶板岩层位移等值线向煤柱侧发生明显偏移,表明靠煤柱侧顶板运动剧烈程度要远大于靠实体煤侧顶板运动剧烈程度;而且,煤柱宽度越小,煤柱强度越低,煤柱帮挤出变形越严重,对顶板支撑能力越弱,煤柱侧顶板沿垂直方向和水平方向位移越大,顶板变形的不对称性越突出。

第 5 章　综放松软窄煤柱沿空巷道顶板不对称控制原理与调控系统

　　现场矿压观测结果表明,传统的对称式支护结构无法适应综放沿空巷道顶板不对称矿压显现而出现支护结构损毁失效的现象。本章总结分析了综放沿空巷道顶板不对称破坏的机制,提出了相应的支护结构控制要求;建立了桁架锚索结构力学模型,分析了锚索支护过程的横向位移分布特征,并据此提出了以"不对称式锚梁结构"为核心的调控系统,详细阐述了其构成、系统特点和功能原理。

5.1　综放松软窄煤柱沿空巷道顶板不对称破坏机制与控制要求

5.1.1　综放松软窄煤柱沿空巷道顶板不对称破坏机制

　　根据 20103 区段运输平巷现场矿压实测、围岩结构及力学性质测试、数值模拟结果等可知,沿空巷道顶板不对称破坏是围岩性质结构和应力分布沿巷道中心轴呈明显不对称分布的作用结果,而关键块回转下沉运动、围岩低强度、窄煤柱、巷道大断面、支护不合理等则是造成围岩结构和应力分布不对称的主要因素,如图 5-1 所示。具体分析如下:

　　(1)围岩性质结构不对称性。

　　由于受到相邻大型综放开采与巷道开挖影响,靠采空区侧煤岩体完整性遭受严重破坏,并沿巷道中心轴呈现明显不对称性:就巷道两帮而言,一侧为实体煤帮,一侧为进入塑性破坏状态的窄煤柱帮,窄煤柱帮力学性能明显低于实体煤帮;两帮力学性能的差异性造成其对顶板的约束作用显著不同,煤柱帮对顶板的约束能力更弱,这使得靠煤柱侧顶板力学性能严重恶化。围岩性质结构的不对称性必然引起围岩强度的不均衡性,而岩体破坏往往首先发生在强度较低的部位[150],因此,巷道开挖后靠煤柱侧顶板及顶角部位煤岩体首先发生破坏,后向实体煤侧顶板扩展,最终导致靠煤柱侧顶板的破坏程度大于靠实体煤侧顶板的破坏程度。

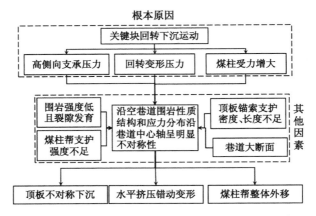

图 5-1　20103 区段运输平巷围岩失稳机制

（2）应力分布不对称性。

基本顶回转下沉运动使得覆岩压力向煤层深部转移形成侧向支承压力 q，同时对直接顶和顶煤施加回转变形压力 σ，使得沿空巷道顶板应力分布沿巷道中心轴呈明显不对称分布：靠煤柱侧顶板煤岩体受到不均衡支承压力 q 和回转变形压力 σ 共同作用，而靠实体煤侧顶板煤岩体则主要受支承压力 q 影响。在不对称应力作用下，顶板变形破坏过程如下：① 沿垂直方向，顶板煤岩体处于支承压力 q 的剧烈变化区，靠实体煤侧顶板应力和靠煤柱侧顶板应力差值为 $4\sim7$ MPa，在此非均布载荷作用下，靠煤柱侧顶板首先发生弯曲下沉，当岩层弯曲变形产生的拉应力 σ_t 达到抗拉强度 $[\sigma_t]$ 时，即 $\sigma_t>[\sigma_t]$，靠煤柱侧顶板首先出现张拉破坏。

② 沿水平方向，沿空巷道顶板为软弱煤体，内含 $1\sim3$ 层夹矸泥岩，其将顶煤分为若干厚度较小的水平分层，且层面间黏结力低、结合性差，相邻层面间抗剪强度 τ_f 关系式如下[151]：

$$\tau_f = c + \sigma_n \tan \varphi \tag{5-1}$$

式中：c、φ 分别为层面上的黏聚力和内摩擦角；σ_n 为层面上的法向应力。

侧向关键块回转引起的回转变形压力 σ 将沿层面方向产生水平分力 σ_x，在 σ_x 作用下岩层间会产生相对移动的趋势，不同层面间运动趋势的差异性会导致层面间剪切应力 τ 的产生；当满足 $\tau>\tau_f$ 时，岩层层面间发生不协调的错动滑移破坏，并造成岩体膨胀、滑移，进而形成剪切裂缝和滑移块体，且在持续的水平分力 σ_x 作用下，滑移块体间相互挤压、错动形成块度更小的块体，最终在巷道顶板表面形成沿巷道走向延展的破碎带并压迫支护结构[152]；此外，随着向实体煤方向逐渐延伸，水平分力 σ_x 逐渐衰减，而层面间抗剪强度 τ_f 则逐渐增大，这使得岩层间的水平错动滑移变形自煤柱侧向实体煤侧扩展到一定范围后停止。

③ 受到高支承压力 q 和回转变形压力 σ 的共同作用,煤柱帮扩容和整体外移现象明显,加之顶板煤岩体由煤柱侧向实体侧产生剧烈水平运动,共同导致了煤柱帮顶角处异常破碎,直接顶与煤柱之间存在明显的滑移、错位、嵌入、台阶下沉现象。

（3）覆岩结构的多次反复运动。

相邻工作面回采引起的畸变能转移过程使得沿空巷道区域煤体发生结构性损伤,而巷道掘进行为使得围岩结构和力学性质进一步恶化,并造成了巷道顶板的不对称矿压特征。本工作面回采期间,已经趋于稳定的侧向顶板结构再次被激活,致使工作面前方两个周期来压步距范围内围岩压力显著升高,围岩变形和破坏程度明显加剧,尤其是煤柱帮的变形破坏将使其承载能力大幅降低。反过来,煤柱帮的严重压缩变形将迫使巷道发生结构性调整——靠煤柱侧顶板下沉严重,使得顶板变形破坏的不对称性加剧。

（4）巷道大断面。

20103 区段运输平巷断面尺寸为 $5.6\ \text{m} \times 3.5\ \text{m}$(宽×高),属于典型大断面巷道,其对巷道顶板不对称破坏影响体现在如下方面:① 巷道宽度增加使得顶板岩梁跨度增加,顶板岩梁最大弯矩和挠度都呈幂函数增长,使得顶板岩梁中部拉应力和顶角部位剪应力大幅增加,易造成顶板中部开裂和帮角剪切破坏,进而引起局部漏冒甚至大面积冒顶事故。② 顶板岩梁下沉量增大诱使岩层间次生水平应力增长,致使层面间剪切应力 τ 明显增大,顶板岩层沿水平方向发生不协调错动变形和破坏的可能性增大。③ 巷道断面的增大使得更多的顶板载荷向两帮转移,两帮上方垂直载荷显著增大,加剧了两帮尤其是煤柱帮的破坏失稳,进而引起靠煤柱侧顶板力学性质的进一步恶化,使得不对称破坏的可能性加剧。

（5）支护结构适应能力差、效能低。

结合现场矿压实测、覆岩结构和运动分析和数值模拟结果可知,综放沿空巷道顶板不对称破坏过程可描述为:相邻工作面推进→基本顶岩块发生破断、回转下沉运动→巷道附近区域煤岩体发生损伤→巷道开掘诱使围岩性质结构和顶板应力不对称分布→靠煤柱侧煤岩体(顶板、顶角、煤柱帮上部等)局部位移变形→靠煤柱侧顶板煤岩体大范围破碎及岩层间存在错位、嵌入、台阶下沉现象→支护结构载荷增大且非均匀受力→靠实体煤侧煤岩体位移变形→大规模围岩变形和支护体破坏→本工作面回采再次激活覆岩结构,不对称变形破坏进一步加剧。由此可知,靠煤柱侧顶板及顶角部位是巷道变形破坏的关键部位,巷道掘出后上述关键部位首先发生破坏,后向靠实体煤侧顶板发生联锁性扩展,最终导致不对称性变形破坏。而原有锚索对称式支护无法限制煤柱帮、顶角等关键部位的严重变形,进而引起其他部位的变形破坏,具体分析如下:① 锚索垂直顶板布置于巷道中间区域,不能对巷道顶板最大剪应力区——靠煤柱侧顶角煤岩体进行有效加固,顶角煤岩体稳定性低,易冒漏;② 锚索密度小、预紧力低、长度短,相邻锚索间不能形成有效闭锁结构,无法实现支护与围岩共同承载,在高应力作用下容易造成锚索单独承载而失效;③ 两帮为软弱煤体,易发生压缩变形,加之顶板载荷不断向两帮转移,进一步加剧了煤帮的压缩变形,而原有支护中仅采用玻璃钢或圆钢锚杆加固两帮,无法抑制帮部的剧烈变形;④ 锚索间采用 W 型钢带连接,其具有较强刚度,因无法适应岩层强烈水平挤压运动而发生"脱顶弯曲"的失稳行为。

5.1.2 综放松软窄煤柱沿空巷道顶板不对称破坏控制要求

由上述分析可知,沿空巷道围岩性质结构和应力分布的不对称性导致了沿空巷道顶板中心轴两侧的不对称矿压显现。采用常规的等强对称支护结构难以适应顶板的不对称破坏,造成锚索结构及其连接构件严重失效,无法保证巷道的稳定性,因此需要研发新型锚索组合结构来适应此类顶板的破坏特征,其应满足以下支护要求:

(1)适应顶板不对称下沉特征。沿空巷道围岩性质结构和应力分布沿巷道中心轴的不对称分布,使得靠煤柱侧顶板的变形破坏程度明显大于靠实体煤侧顶板的变形破坏程度,这种不对称破坏特征要求支护系统具有很强的结构性和针对性,既要保证支护系统对整个顶板的支护强度,又要保证对靠煤柱侧顶板敏感部位加强支护,控制关键部位的变形破坏,即支护系统自身不会因局部载荷增加而造成整个支护系统的失效或损毁。

(2)适应顶板强水平运动特征。由现场实测可知,受关键块 B 回转下沉影响,20103 区段运输平巷顶板岩层受到强烈水平应力作用,促使沿空巷道顶板出现了严重挤压、错动和滑移变形,而传统的锚索＋W 型钢带组合结构显然无法适应水平运动而出现支护失效。基于此,新的支护系统应具备柔性让压功能,以便在支护过程中不断作出调整使其适应岩层水平运动,以保证服务过程中支护结构的持续有效。

(3)具有较强的抗剪切能力。20103 区段运输平巷沿不稳定采空区边缘掘进,关键块回转运动严重,靠煤柱侧巷道顶板发生严重剪切破坏,造成顶帮交界处大范围围岩破碎。当煤柱发生较大压缩变形时,煤柱上方顶板岩层裂隙严重发育并相互贯通形成裂隙贯通带,诱发顶板发生滑移、嵌入和台阶下沉等事故。因此,沿空巷道顶板支护系统应具有较强的抗剪性能,防止靠煤柱侧顶板剪切破坏,避免直接顶切落等剧烈矿压现象。

(4)提高煤柱帮承载能力。8 m 煤柱是关键块回转运动的支撑点,受关键块回转运动和巷道开挖影响,煤柱势必发生大面积的塑性破坏而产生严重压缩变形,进而导致沿空巷道顶板的不对称下沉。因此,增强煤柱帮支护强度、提高煤柱帮承载能力是控制顶板不对称下沉的重要措施。

5.2　综放松软窄煤柱沿空巷道不对称调控系统

5.2.1　传统桁架锚索结构的力学分析

当前,国内外学者针对大断面沿空巷道支护问题进行了大量研究,各类支护结构如锚杆、锚索、横阻锚索、高预应力锚杆和斜拉锚索等被提出并应用于现场实践[18,28,153]。相对于传统锚索支护结构,桁架锚索因具有双向施力、抗剪性强、锚固点可靠等优越性而被广泛应用于大断面巷道。本书将对桁架锚索力学行为进行分析,了解其与顶板岩层的作用关系。

由弹性地基梁理论可知,弹性地基上半无限长系杆的弹性曲线方程为[133,135]:

$$x = -Q_A \frac{4ab\cos(by) + \lambda^2\sin(by)}{4b\beta^2(2\beta^2 + \lambda^2)EI_Z}e^{-ay} + M_A \frac{-b\cos(by) + a\sin(by)}{b(2\beta^2 + \lambda^2)EI_Z}e^{-ay}$$

$$(5-2)$$

式中:$\lambda = \sqrt{N_A/EI_Z}$;$\beta = \sqrt[4]{k/4EI_Z}$;$a = \sqrt{\beta^2 + \lambda^2/4}$;$b = \sqrt{\beta^2 - \lambda^2/4}$;$L' = 1/\beta$($L'$ 为特征长度);E 为梁的惯性矩;k 为地基反力系数;Q_A、M_A 和 N_A 分别为杆件端部受到的剪力、弯矩和轴力,如图 5-2 所示。

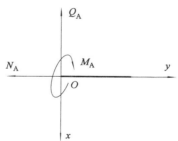

图 5-2　弹性地基上半无限长的系杆

将施加预紧力的锚索桁架近似为系杆构件。根据锚索桁架的结构和受力特点作如下假设[154]:① 忽略锚索杆体在变形运动过程中与围岩产生的摩擦力;② 锚索杆体近似认为是弹性匀质材料的;③ 不考虑锚固体质量对锚索杆体受力的影响;④ 桁架底部连接器连接处采用线性处理。据此建立顶板桁架锚索结构力学模型如图 5-3 所示。本书将对倾斜杆体进行受力分析,确定其沿水平方向的变形和载荷情况。

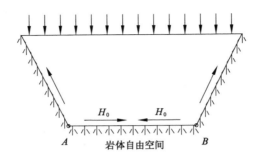

图 5-3 顶板桁架锚索结构力学模型

根据地基梁理论可知,锚索杆体的特征长度为[155]:

$$L' = \frac{1}{\beta} = \sqrt[4]{\frac{4EI_z}{k}} = \sqrt[4]{\frac{4EI_z}{k_0 D}} = \sqrt[4]{\frac{4 \times 9.424}{0.6 \times 10^6 \times 42 \times 10^{-3}}} \approx 0.2\,(\text{m})$$

(5-3)

其中,

$$EI_z = 200 \times 10^6 \times \frac{\pi}{64} \times (0.042^4 - 0.038\,3^4) \approx 9.424\,(\text{kN} \cdot \text{m}^2) \quad (5-4)$$

式中 D——锚索杆体的外径;

　　　E——锚索杆体的弹性模量;

　　　I_z——锚索杆体的惯性矩;

　　　k_0——岩体系数,取值 0.6×10^6 kN/m³。

可见,锚索杆体的特征长度远小于杆体自身长度,故锚索杆体可以假定为基础梁上的软梁构件,据此建立倾斜杆体力学模型(图 5-4)。图中 H_0 为对锚索施加的预紧力,φ 为锚索倾斜角度,Q_A 和 N_A 分别为预紧力 H_0 沿杆体方向和垂直杆体方向上的分力。以锚索杆体尾端为原点建立坐标系,杆体方向为 y 轴方向,垂直杆体方向为 x 轴方向。

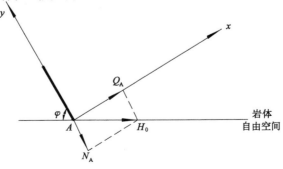

图 5-4 桁架锚索倾斜杆体力学模型

由 H_0 和 Q_A、N_A 的关系可知：

$$Q_A = H_0 \sin \varphi, \quad N_A = H_0 \cos \varphi \tag{5-5}$$

根据式(5-2)可知，图 5-4 中杆体的弹性曲线方程可表示为：

$$x = Q_A \frac{4ab\cos(by) + \lambda^2 \sin(by)}{4b\beta^2(2\beta^2 + \lambda^2)EI_z} e^{-ay} \tag{5-6}$$

式(5-6)为高度隐式函数，为了对其求解进行适当参数定义，$H_0 = 3.4 \sim 100$ kN，$\varphi \approx 60°$，计算可得 $\lambda_{0.34} = 0.425$，$\lambda_{10.0} = 2.3$，$\beta = 5.08$，$a_{0.34} = 5.083 \approx \beta$，$a_{10} = 5.21 \approx \beta$，$b_{0.34} = 5.077 \approx \beta$，$b_{10} = 4.95 \approx \beta$，$2\beta^2 + \lambda^2 \approx 2\beta^2 = 51.6$（误差 $<10\%$）。将上述参数代入式(5-6)可得：

$$x = Q_A \frac{4\beta^2 \cos(\beta y) + \lambda^2 \sin(\beta y)}{8\beta^5 EI_z} e^{-\beta y} \tag{5-7}$$

令 $x = 0$，可得到杆体端部横向位移为：

$$x_0 = \frac{Q_A}{2\beta^3 EI_z} = \frac{H_0 \sin \varphi}{2\beta^3 EI_z} \tag{5-8}$$

根据式(5-7)可绘制出倾斜杆体的横向位移分布特征如图 5-5 所示。由图可知最大横向位移发生在锚索端部 A 点，自锚索端部（A 点）向深部延伸，杆体发生的横向位移呈大幅度降低趋势，并在一定深度处杆体向相反方向发生较小位移。为了进一步描述倾斜杆体横向位移特征，将横向位移进行线性处理，其表达式如下：

$$x = x_0 - \frac{x_0}{l_0} y \tag{5-9}$$

式中　l_0——杆体横向位移影响长度。

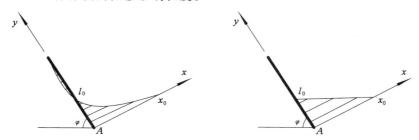

图 5-5　倾斜杆体的横向位移分布特征

根据弹性地基梁的基本假定，可知杆体横向载荷为：

$$p = ky = k_0 D(x_0 - \frac{x_0}{l_0} y) \tag{5-10}$$

综上可知，在桁架锚索支护过程中，锚索杆体会向内部发生水平位移。在实际工程中,桁架锚索多在底部采用连接器一次性张拉预紧,若后期锚索杆体发生较大水平位移,将会造成整个桁架锚索结构松脱失效。由现场观测可知,20103区段运输平巷顶板岩层水平运动较为强烈,这种条件下锚索结构水平位移将进一步增大,桁架锚索松脱失效的可能性更大。可见,传统桁架锚索结构无法适应顶板岩层水平运动,急需研发新的巷道顶板控制技术。

5.2.2 综放沿空巷道顶板不对称调控系统提出

针对王家岭煤矿综放窄煤柱沿空巷道顶板不对称破坏特征及支护技术的发展需要,作者所在课题组提出采用高预应力桁架锚索控制系统进行巷道围岩控制的改进方向,并结合具体地质条件研发了以"不对称式锚梁结构"为核心的综放沿空巷道调控系统(图5-6)。该系统包括螺纹钢锚杆、高预应力桁架锚索和不对称锚梁桁架结构,同时配以金属网、钢筋梯子梁等附属构件。其主要包含以下方面:① 采用高强度螺纹钢锚杆及时支护煤柱帮,减小煤柱帮压缩变形,保证煤柱帮的稳定性,以此减弱巷道上方关键块的回转运动,降低顶板应力分布和围

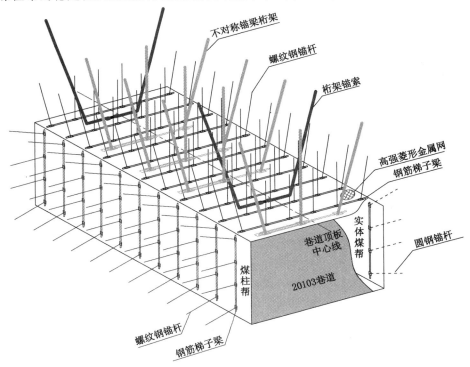

图 5-6 综放沿空巷道顶板不对称调控系统

岩损伤的不均衡性;② 在沿空巷道顶板设置不对称式锚梁结构,提高靠煤柱侧顶板和顶角部位煤岩体支护强度,保证靠煤柱侧顶板围岩的整体性;③ 选用钢筋梯子梁和槽钢托梁作为锚索间的连接构件,提高连接构件沿水平方向的让压效果,避免连接结构在顶板岩层水平错动过程中的压弯失效;④ 鉴于 20103 区段运输平巷断面大、顶煤厚且松软的特点,采用高预应力桁架锚索系统对顶板进行补强加固,防治潜在的冒顶事故,保障顶板安全稳定。总体而言,该调控系统不但具有控制大范围塑性破坏、抗剪性能强的优点,而且能对巷道顶板煤岩体变形进行有效控制,并对其不对称性作出积极响应。

5.3　不对称式锚梁支护系统及其功能原理

5.3.1　系统组成

锚索结构因具有预紧力大、承载能力高、安装简便等优点,已经成为我国煤矿巷道的主要支护形式[156]。在工程实践中,锚索多与 W 型钢带或槽钢配合使用作为煤矿巷道的加强支护方式,提高围岩稳定性。但在窄煤柱沿空掘巷开采实践中,即便在相邻采空区覆岩运动稳定后掘进巷道,巷道顶板岩层仍会存在相当程度的水平运动;部分沿空巷道在上区段工作面采空区覆岩运动尚未完全结束时便开始掘进,甚至出现迎采面掘进的现象,这均使得顶板岩层水平运动更加剧烈。由于沿空巷道围岩性质结构和应力分布等沿巷道中心轴呈明显的不对称性,巷道顶板岩层会发生垂直方向和水平方向的不对称破坏,传统的锚索＋W 型钢带组合结构会因顶板水平运动出现 W 型钢带向下严重弯曲失效,锚索＋槽钢组合结构亦会因顶板水平挤压运动出现槽钢沿走向撕裂的现象,W 型钢带和槽钢失效后会极大地削弱锚索对顶板的支护作用,还会影响锚索本身的支护效果,使得锚索支护效果大幅度降低。

针对锚索＋W 型钢带结构的挤压失效问题,课题组研发了以高强度钢筋梯子梁和 16# 槽钢托梁为连接构件的新型锚梁支护结构,其由高强度锚索、钢筋梯子梁和 16# 槽钢托梁,配以托板、厚垫片等附属构件构成,锚索间先以高强度钢筋梯子梁连接,同时靠煤柱帮侧锚索采用 16# 槽钢进行二次连接,如图 5-7 所示。

5.3.2　系统特点

(1)不对称布置

如图 5-7 所示,该锚梁桁架支护系统由钢筋梯子梁、槽钢托梁和多根与其连

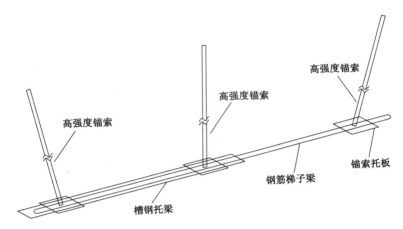

图 5-7　不对称锚梁桁架支护结构示意图

接并固定到顶板深部的单体锚索构成,两侧锚索分别向外倾斜一定角度,中间锚索垂直顶板设置。在支护过程中,整个支护结构偏向煤柱侧安装,使得靠煤柱侧顶板锚索支护密度大于实体煤侧顶板支护密度,从而对薄弱的煤柱侧顶板加强支护,实现顶板围岩的不对称控制。此外,锚索的锚固点位于顶板深部不易破坏的三向受压岩体内,不易受巷道直接顶离层和变形的影响,为发挥高锚固力提供了可靠稳固的承载基础。

（2）适度让压

钢筋梯子梁由高强度的长钢筋经弯曲、高质量焊接制成,并在相邻锚索安装孔中间位置采用薄钢板进行冲压包裹以减小钢筋梯子梁的跨度,增加结构稳定性。上述设计充分利用了梯子梁结构刚度大的特点,可有效避免采用 W 型钢带连接时出现的压弯失效问题,该结构的使用显著提高了锚索支护对岩层水平运动的适应能力与抗损毁能力。

考虑到靠煤柱侧顶板围岩较为破碎,所产生的碎胀压力较大,故在采用钢筋梯子梁连接的基础上,对靠煤柱侧的锚索采用 16$^\#$ 槽钢托梁进行二次连接,以提高对煤柱帮侧顶板的支护强度。同时,考虑到顶板岩层水平运动较为明显,增大槽钢向内侧开孔尺寸长度,为岩层水平运动预留定量空间,避免锚索与连接结构接触产生较强的应力集中而造成弯曲或撕裂,保证桁架锚索的支护效果。可见,该连接构件集成了控制顶板下沉与适应岩层水平移动的功能。

（3）制作简单,施工方便

与以往锚索施工工艺相比,仅需要提前加工完成钢筋梯子梁和槽钢托梁构件,且其加工方便、制作简单、成本低廉;施工过程中,槽钢-钢筋梯子梁结构质量小,便于施工。

5.3.3　系统功能及原理

不对称式锚梁支护系统功能与原理主要体现在承压降载、减垮抗拉、不对称控制和适应顶板水平运动四个方面,如图 5-8 所示。

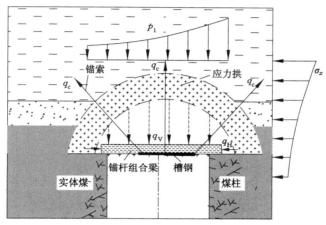

图 5-8　不对称式锚梁支护系统原理图

（1）承压降载

在对锚索施加高预紧力后,高强度锚索及其底部的连接结构(钢筋梯子梁、槽钢托梁)与内部围岩相互作用,形成了一个锚固点位于深部稳定岩体内的拱形承载结构[157]。该承载结构可使围岩处于三向受压状态,从而提高围岩的自承能力和顶板围岩的稳定性;且该拱形承载结构还可有效减弱垂直方向不均衡支承压力 p_1 和水平方向回转变形压力 σ_x 向浅部岩层传递,减少顶板应力分布的不均衡性,限制顶板发生不对称变形[158]。

（2）减垮抗拉

锚索支护具有锚固范围大、承载能力强的特点,其可将浅部锚杆组合梁锚固于深部稳定岩层,既能提高锚杆组合梁结构自身的强度和刚度,还能减少锚杆组合梁沿垂直方向和水平方向受到的载荷。假设共有 m 根锚索作用于顶板,锚索与锚杆组合梁的夹角为 φ,每根锚索的预紧力为 q_c,则锚索支护对锚杆组合梁垂直方向和水平方向的载荷折减量依次为[159]:

$$q'_V = \frac{\sum_{i=0}^{m} q_c \sin \varphi}{b} \tag{5-11}$$

$$q'_H = \sum_{i=0}^{m} q_c \cos \varphi \tag{5-12}$$

式中　q'_V——锚杆组合梁沿垂直方向的载荷折减量；

　　　q'_H——锚杆组合梁沿水平方向的载荷折减量；

　　　q_c——对锚索施加的预紧力；

　　　φ——锚索向外倾斜角度；

　　　b——巷道跨度；

　　　m——锚索数量。

从而锚杆组合梁结构承受的垂直应力和水平应力依次为：

$$q_V = p_1 - q'_V - q_c \tag{5-13}$$

$$q_H = \lambda q_V + \sigma_x - q'_H \tag{5-14}$$

式中　q_V——锚杆组合梁承受的垂直应力；

　　　q_H——锚杆组合梁承受的水平应力；

　　　λ——侧压系数。

高强锚索一端锚固于深部稳定岩体，另一端依靠托盘和锁具固定于锚杆组合梁底部，因而每根锚索可近似看作一个支撑点，将锚杆组合梁划分成若干短跨梁，使得顶板抗弯能力大幅度提高，有效降低了顶板岩层拉伸破坏的可能性。图 5-9 为未采用锚索支护和采用锚索支护时的顶板破坏形态。可知，当不采用锚索支护时，锚杆组合梁岩层整体冒落，巷道变形破坏严重；当采用锚索支护后，顶板岩层稳定性大幅度提高。采用锚索支护措施后，顶板等效跨度可表示为[159-160]：

$$b' = Yb = \zeta \frac{1}{m+1} b \tag{5-15}$$

式中　b'——顶板等效跨度；

　　　Y——减跨系数；

　　　ζ——影响系数，根据顶板支护情况可取 1.2~1.5；

　　　b——巷道宽度；

　　　m——锚索数量。

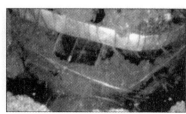

（a）未采用锚索支护　　　　　　　（b）采用锚索支护

图 5-9　不同支护形式下顶板破坏形态对比

（3）不对称控制

锚索整体偏于靠煤柱侧顶板设置，且靠煤柱侧斜拉锚索穿过顶角处剪应力集中区，底部选用刚度和强度较高的槽钢梁作为连接构件以增大托板和围岩的接触面积，避免预应力损失。这一设计可强化对靠煤柱侧顶板（尤其是顶角部位煤岩体）的支护，提高该范围内顶板围岩的承载能力和抵抗变形破坏的能力。此外，巷道中部垂直锚索向煤柱帮偏移一定距离，可对顶板岩梁最大弯矩位置进行重点支护。

为进一步分析不对称式锚梁结构的控制机理，建立如图 5-10 所示力学模型，并假设如下：① 实体煤侧锚索预紧力简化为约束力 F，煤柱侧锚索因槽钢托梁作用简化为均布载荷 p'；② 因锚杆支护强度远小于锚索，可忽略不计；③ 锚梁结构作用后顶板岩层自身承载能力提高，实体煤帮对顶板的支撑力变化量为 ΔR_1，煤柱帮对顶板的支撑力变化量为 ΔR_2；④ 岩层是水平的，按平面应变问题考虑；坐标系建立如图所示，主要分析锚梁结构作用后顶板岩层弯矩变化特征。

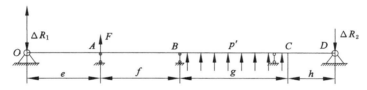

图 5-10　不对称式锚梁结构支护力学模型

根据图 5-10 可列平衡方程：

$$F + p'g - \Delta R_1 - \Delta R_2 = 0 \tag{5-16}$$

对图中 O 点取矩：

$$\Delta R_2 b - Fe - p'g(b - h - g/2) = 0 \tag{5-17}$$

$$p' = 2F/g \tag{5-18}$$

式中　F——锚索预紧力；

　　　p'——槽钢托梁对顶板的支护强度；

　　　b——巷道宽度；

　　　e——实体煤侧锚索与煤帮距离；

　　　f——实体煤侧锚索与槽钢托梁间距；

　　　g——槽钢长度；

　　　h——槽钢托梁与煤帮距离。

联立式(5-16)～式(5-18)可得：

$$\begin{cases} \Delta R_1 = \dfrac{F(b-e+2h+g)}{b} \\[3mm] \Delta R_2 = \dfrac{F(e+2b-2h-g)}{b} \end{cases} \tag{5-19}$$

对图中 OA、AB、BC、CD 段分别列弯矩方程,可得各段弯矩减小量 ΔM 依次为:

$$\begin{cases} \Delta M(x)_1 = -\dfrac{F(b-e+2h+c)g}{b}x, & 0 \leqslant x < e \\[3mm] \Delta M(x)_2 = -\dfrac{F(b-e+2h+g)}{b}x + F(x-e), & e \leqslant x < f \\[3mm] \Delta M(x)_3 = -\dfrac{F(b-e+2h+g)}{b}x + F(x-e) + \\[3mm] \qquad \dfrac{F(x-e-f)(x+e+f)}{g}, & f \leqslant x < g \\[3mm] \Delta M(x)_4 = -\dfrac{F(b-e+2h+g)}{b}x + \\[3mm] \qquad F(3x+2h+g-e-2b), & g \leqslant x \leqslant h \end{cases} \tag{5-20}$$

由式(5-20)可知,弯矩减小量 ΔM 与锚索预紧力和锚索布置方式相关。假定锚索参数如下:锚索规格为 $\phi17.8 \text{ mm} \times 8\ 250 \text{ mm}$,间排距为 $1\ 600 \text{ mm} \times 1\ 800 \text{ mm}$,煤柱侧锚索距帮 800 mm,实体煤帮锚索距帮 $1\ 600 \text{ mm}$,中部锚索和煤柱侧锚索采用 $16^{\#}$ 槽钢托梁连接,长度为 $2\ 200 \text{ mm}$,锚索预紧力不低于 140 kN,即 $F=140 \text{ kN}$,$e=1.6 \text{ m}$,$f=1.3 \text{ m}$,$g=2.2 \text{ m}$,$h=0.5 \text{ m}$,$b=5.6 \text{ m}$。将以上参数代入式(5-20)可得各段弯矩变化情况。

由图 5-11 可知:采用不对称式锚梁结构支护后,顶板岩层受到的弯矩大幅度减小,平均弯矩减小量 ΔM 约为 $201 \text{ kN} \cdot \text{m}$;且由于支护的不对称性,靠实体煤侧顶板的弯矩折减量明显大于靠煤柱侧顶板的弯矩折减量,极大降低了靠煤柱

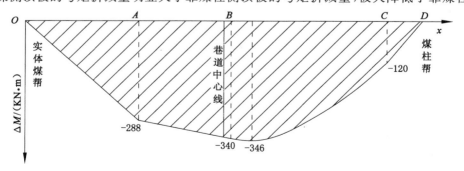

图 5-11　不对称式锚梁结构作用下顶板弯矩图

侧顶板变形破坏的可能性，ΔM 最大区域位于巷道中心偏煤柱侧 $0 \sim 600$ mm 处。

（4）适应顶板水平运动

锚索可提供更高的预紧力，从而大大增强了顶板层面间的法向应力 σ_n，进而提高了相邻岩层间的抗剪切能力，有效地限制了顶板岩层间的水平错动、滑移变形。对比 W 型钢带，钢筋梯子梁可随着顶板岩层水平运动而出现适量挤压但仍具有较强护表功能，且狭长槽钢梁孔设置亦可保证支护结构的水平让压效果。

5.4　本章小结

本章基于综放松软窄煤柱沿空巷道顶板不对称破坏机制和桁架锚索受力模型，提出了以"不对称式锚梁结构"为核心的调控系统，主要结论如下：

（1）综放沿空巷道顶板不对称破坏是围岩性质结构和受采动影响程度沿巷道中心轴呈明显不对称性分布的作用结果，而基本顶结构回转下沉、松软煤柱帮、巷道大断面、支护不合理等则是造成围岩性质结构和应力分布不对称的主要因素。

（2）综放沿空巷道顶板不对称破坏灾变过程如下：相邻工作面推进→基本顶岩块发生破断、回转下沉运动→巷道附近区域煤岩体发生损伤→巷道开掘诱使围岩性质结构和顶板应力呈不对称分布→靠煤柱侧煤岩体（顶板、顶角、煤柱帮上部等）局部位移变形→靠煤柱侧顶板煤岩体大范围破碎及岩层间存在错位、嵌入、台阶下沉现象→支护结构载荷增大且非均匀受力→靠实体煤侧煤岩体位移变形→大规模围岩变形和支护体破坏→本工作面回采再次激活覆岩结构，不对称变形破坏进一步加剧。

（3）原有锚索对称式支护无法控制煤柱帮、顶角等关键部位的变形破坏，并最终诱发顶板不对称变形破坏，主要表现为锚索垂直顶板布置于巷道中间区域，未能对靠煤柱侧顶角煤岩体有效加固；锚索密度小、预紧力低、长度短，相邻锚索间不能形成有效闭锁结构，易造成锚索单独承载而失效；两帮煤体软弱易发生压缩变形，加剧顶板变形破坏；锚索间连接构件无法适应岩层强烈水平挤压运动。

（4）建立桁架锚索力学结构模型，得出锚索杆体横向位移关系式：

$$x = Q_A \frac{4ab\cos(by) + \lambda^2 \sin(by)}{4b\beta^2(2\beta^2 + \lambda^2)EI_z} e^{-ay}$$

在桁架锚索支护过程中，倾斜杆体会向内部发生一定水平位移，而桁架锚索底部多采用连接器张拉预紧，这必将造成整个桁架锚索结构松脱失效、预紧力丧失。

（5）提出了以"不对称式锚梁结构"为核心的综放沿空巷道调控系统，其主要包括螺纹钢锚杆、高预应力桁架锚索和不对称锚梁桁架结构，该调控系统不但具有控制大范围塑性破坏、抗剪性能强的优点，且能对巷道顶板煤岩体变形进行有效控制，并对其不对称性作出积极响应。

（6）研发了以高强度钢筋托梁和16#槽钢托梁为连接构件的不对称锚梁结构，其由高强度锚索、钢筋梯子梁和16#槽钢托梁，配以托板、厚垫片等附属构件构成，单体锚索之间采用高强度钢筋梯子梁连接，同时靠煤柱帮侧锚索采用16#槽钢托梁进行二次连接。该支护系统的主要原理可概括为承压降载、减垮抗拉、不对称控制和适应顶板水平运动四个方面。

第 6 章　工业性试验

　　前文分别对综放松软窄煤柱沿空巷道顶板不对称破坏特征、致灾机理、演化过程及相应的调控系统进行了研究。本章基于上述研究,对试验巷道 600～1 490 m 范围进行巷道支护方案设计,并在 20103 区段运输平巷进行工业性试验,同时对巷道围岩收敛变形、顶板离层及煤柱应力变化进行现场监测,验证支护方案的可行性。

6.1　20103 区段运输平巷顶板不对称式锚梁结构参数设计

6.1.1　支护参数设计方案

　　不对称锚梁结构是实现综放沿空巷道顶板稳定性控制的关键技术,而相关支护参数的选取对于桁架结构功能发挥起着至关重要的作用,因此进行相关支护参数设计研究是必不可少的。在原有支护方案的基础上设计三个对比方案,模拟研究四种支护方案下沿空巷道顶板垂直位移和水平位移分布特征,以期为现场支护方案的确定提供理论依据。

　　支护方案Ⅰ:采用原有支护方案[图 6-1(a)],支护参数如 2.1.3 节所述。

　　支护方案Ⅱ:顶板锚杆支护参数不变,两帮锚杆数量增加为 4 根。顶板锚索选用直径为 17.8 mm、长度为 6 300 mm 的 1×7 股钢绞线,钻孔深度为 6 000 mm,每排布置 3 根锚索,两侧锚索钻孔与顶板垂线夹角为 15°,中间锚索垂直于顶板布置,锚索间排距为 1 500 mm×1 800 mm,如图 6-1(b)所示。

　　支护方案Ⅲ:锚杆支护参数同支护方案Ⅱ;顶板锚索选用直径为 17.8 mm、长度为 6 300 mm 的 1×7 股钢绞线,钻孔深度为 6 000 mm,每排布置 3 根锚索,两侧锚索与顶板垂线的夹角为 15°,中间锚索垂直于顶板布置,锚索间排距为 1 500 mm×1 800 mm,锚索整体向煤柱侧偏移 500 mm,具体如图 6-1(c)所示。

　　支护方案Ⅳ:锚杆支护参数同支护方案Ⅱ;顶板锚索选用直径为 17.8 mm、长度为 8 300 mm 的 1×7 股钢绞线,钻孔深度为 8 000 mm,每排布置 3 根锚索,两侧锚索钻孔与顶板垂线的夹角为 15°,中间锚索垂直于顶板布置,锚索间排距

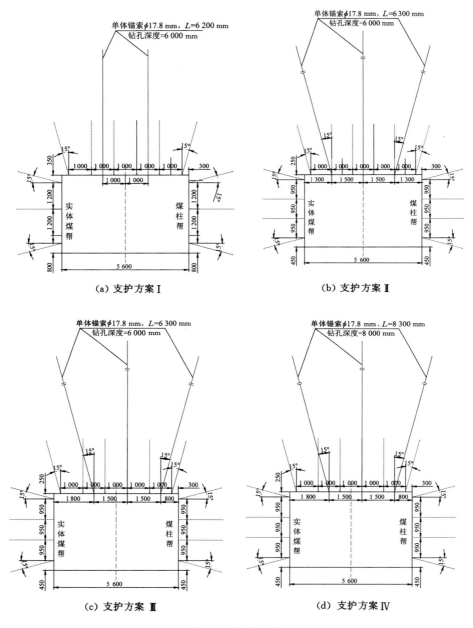

图 6-1　支护方案

为 1 500 mm×1 800 mm，锚索整体向煤柱侧偏移 500 mm，具体如图 6-1(d)所示。

6.1.2 锚杆(索)力学参数确定

采用 FLAC³ᴰ 内置的"Cable"结构单元模拟锚杆(索)支护，锚杆(索)物理力学性能和几何参数如表 6-1 所列，其中锚杆(索)长度、直径、弹性模量和抗拉强度可通过查询锚杆(索)相关说明手册获得，单位长度的锚固黏聚力 C_g 和单位长度的锚固刚度 K_g 由下式计算[161-162]：

$$C_g = \pi(D + 2t)\tau_{peak} \tag{6-1}$$

$$K_g \simeq \frac{2\pi G}{10\ln(1 + 2t/D)} \tag{6-2}$$

式中　D——锚杆(索)杆体直径；

　　　t——锚杆(索)杆体与煤壁间距；

　　　τ_{peak}——锚杆(索)杆体锚固剪切强度，取 5 MPa；

　　　G——锚固剪切模量，取 3 GPa。

相关参数代入式(6-1)和式(6-2)可得，C_g 和 K_g 的取值如表 6-1 所列。

表 6-1　锚杆(索)物理力学性能和几何参数

类型	D/mm	E/GPa	ρ_g/m	F_t/N	C_g/(N/m)	K_g/(N/m²)
锚杆	20.0	200	8.79×10^{-2}	1.6×10^5	4.7×10^5	5.6×10^9
锚索	17.8	195	8.79×10^{-2}	2.5×10^5	4.7×10^5	4.2×10^9

6.1.3 模拟结果分析

不同支护方案下沿空巷道顶板垂直位移分布如图 6-2 所示。由图可知：① 整体而言，以巷道中心线为轴，顶板垂直位移等值线仍呈向靠煤柱侧偏移的趋势，即靠煤柱侧顶板下沉量仍大于靠实体煤侧顶板下沉量，表明调整支护结构和提高支护强度并不能改变顶板不对称变形破坏的趋势。② 随着顶板支护强度的增大，顶板下沉量由原方案的 534 mm 依次减少为 521 mm(方案Ⅱ)、514 mm(方案Ⅲ)和 502 mm(方案Ⅳ)；虽然巷道顶板下沉量变化不大，但这对于沿空巷道顶板浅部围岩控制，实现巷道安全使用具有重要意义。③ 相对于支护方案Ⅰ和支护方案Ⅱ，支护方案Ⅲ和支护方案Ⅳ中将顶板锚索向煤柱侧偏心布置，使得靠煤柱侧顶板支护强度高于靠实体煤侧顶板支护强度；在这种不对称支护作用下，靠煤柱侧顶板垂直位移量减少，两侧顶板垂直位移差距亦随之缩小，顶板不对称下沉特征明显减弱。

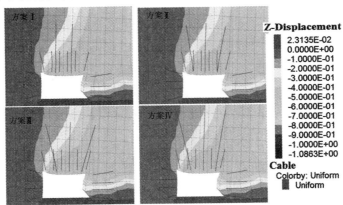

图 6-2　不同支护方案下垂直位移分布图

　　不同支护方案下沿空巷道顶板水平位移分布如图 6-3 所示。由图可知：① 不同支护方案下沿空巷道顶板水平位移等值线仍呈向煤柱侧偏移的趋势，即靠煤柱侧顶板水平位移量仍大于靠实体煤侧顶板水平位移量。② 相对于支护方案 I，随着顶板和两帮支护强度提高，特别是顶板锚索倾斜布置显著降低了顶板岩层水平运动程度，顶板岩层水平位移量逐渐减小，靠煤柱侧顶板最大水平位移量由方案 I 的 352 mm 依次减少为 345 mm（方案 II）、331 mm（方案 III）和315 mm（方案 IV），靠实体煤侧顶板水平位移量由方案 I 的 112 mm 依次减少为105 mm（方案 II）、98 mm（方案 III）和 92 mm（方案 IV）。③ 相对于支护方案 I和支护方案 II，由于支护方案 III 和支护方案 IV 中锚索的不对称布置，使得靠煤柱

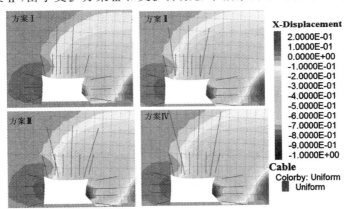

图 6-3　不同支护方案下水平位移分布图

侧顶板的支护强度增大,以巷道中心线为轴,巷道两侧顶板的水平运动程度降低,两侧位移差异性亦呈下降趋势。

综上可知,不对称锚梁支护不仅可以减小顶板位移量,还可以较好地削弱靠煤柱侧顶板的垂直下沉和水平运动,减弱顶板变形破坏的不对称性。

6.2　20103 区段运输平巷支护技术方案

6.2.1　顶板不对称控制基本思路

由第 4 章数值分析可知:20103 区段运输平巷开掘前侧向煤岩体组织结构已经发生损伤;在巷道采掘作用下巷道四周煤岩体必将形成大范围破碎。因此,巷道掘出后必须立即采用高强度锚杆对巷道浅部围岩进行加固,控制表面围岩变形,保证煤岩体的完整性。同时基本顶结构的回转下沉运动将促使顶板发生不对称下沉和水平挤压变形,为避免和减少顶板此类变形破坏,需采用不对称式锚梁结构和单侧角锚索提高靠煤柱侧顶板和顶角部位围岩抗变形破坏能力。由第 3 章和第 4 章顶板变形破坏影响因素分析可知,煤柱帮承载能力的提高可以显著降低顶板不对称变形破坏程度,因此,应将顶板和煤柱帮视为一个整体系统进行加固,从根本上控制顶板的不对称变形。此外,由第 4 章数值分析可知,本工作面回采期间顶板变形量和不对称破坏程度都将加剧,因此,在超前采动影响段采取必要加固措施是十分必要的。

基于上述讨论,确定 20103 区段运输平巷顶板不对称破坏控制基本支护思路如图 6-4 所示,阐述如下:① 对顶板进行高强度锚杆支护,控制围岩松动变形,保证顶板的整体性和巷道作业环境安全;② 对煤柱帮进行高强度锚杆支护,减少煤柱帮压缩变形,提高煤柱帮的承载能力,降低顶板变形不对称程度;③ 对顶板进行不对称式锚梁支护,提高靠煤柱侧顶板的承载能力,抑制顶板的不对称下沉和水平挤压变形;④ 对顶角进行锚索补强加固,提高顶角煤岩稳定性,避免局部冒落失稳;⑤ 对超前采动影响范围内顶板和煤柱进行超前加固,进一步提高巷道稳定性。

6.2.2　20103 区段运输平巷 600～1 490 m 范围采动影响稳定段支护方案

20103 区段运输平巷 600～1 490 m 段采用"锚网索＋不对称锚梁结构＋单侧角锚索＋预应力桁架锚索"的联合支护方式,如图 6-5 所示,具体支护方案和参数如下所述:

（1）顶板支护

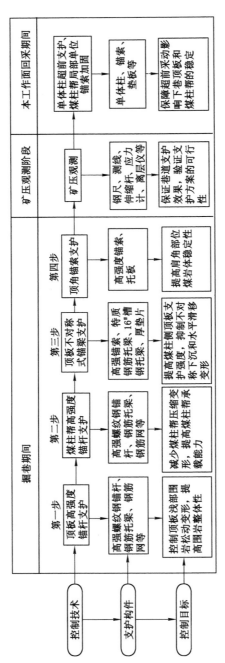

图6-4 顶板不对称破坏控制基本支护思路

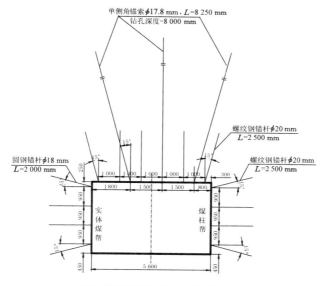

（1）简式桁架锚索组合支护图

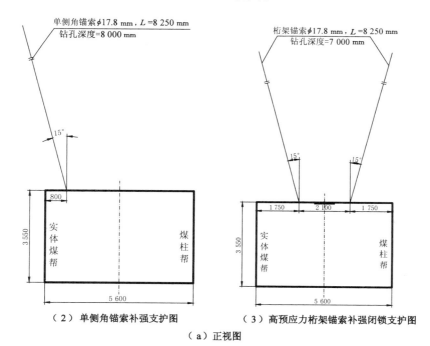

（2）单侧角锚索补强支护图　　　　　（3）高预应力桁架锚索补强闭锁支护图

（a）正视图

图 6-5　20103 区段运输平巷 600～1 490 m 范围段支护方案

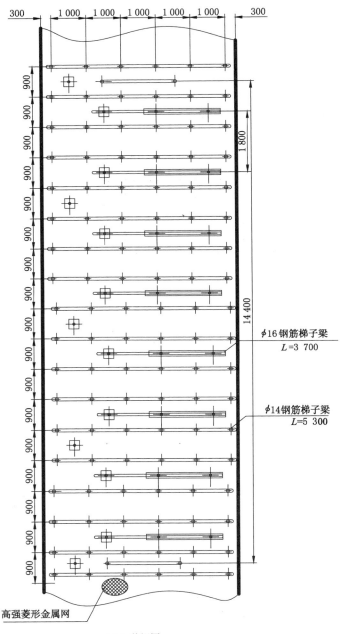

（b）俯视图

图 6-5（续）

顶板锚杆选用 $\phi20$ mm×2 500 mm 的左旋螺纹钢锚杆,每排布置 6 根锚杆,中间 4 根锚杆垂直于顶板布置,两侧锚杆向外倾斜 15°,锚杆间距为 1 000 mm,排距为 900 mm。每排 6 根锚杆选用长度为 5 300 mm、直径为 14 mm 钢筋梯子梁连接。选用 $\phi6$ mm 钢筋焊接成的长度为 2 800 mm、宽度为 1 000 mm、网孔尺寸为 100 mm×100 mm 的钢筋网用于表面岩体维护。锚杆安装时,每根锚杆配合 1 卷 Z2360 和 1 卷 CK2335 树脂药卷。锚杆托板规格为 150 mm×150 mm×6 mm。

不对称式锚梁结构选用直径为 17.8 mm、长度为 8 250 mm 的 1×7 股钢绞线,钻孔深度为 8 000 mm,每排布置 3 根锚索,靠近两帮的锚索钻孔与顶板垂线的夹角为 15°,中间的锚索垂直于顶板布置,锚索间排距为 1 500 mm×1 800 mm,煤柱帮侧锚索距巷帮 800 mm。每根锚索使用 1 卷 CK2335 和 2 卷 Z2360 树脂药卷。锚索托板规格为 300 mm×300 mm×16 mm。每排 3 根锚索用 3 700 mm×70 mm(长×宽)钢筋梯子梁连接,采用 $\phi16$ mm 的整根钢筋(使其弯曲)后,对距钢筋梯子梁端头 0~150 mm 范围内的搭接处(搭接长度为 150 mm)进行高质量焊接加工;在距钢筋梯子梁左端头 1 050~1 150 mm、2 550~2 650 mm 处用厚度为 4 mm、宽度为 100 mm 的薄钢板进行包裹连接,如图 6-6 所示。槽钢规格:巷道中部锚索和靠煤柱侧锚索采用 16# 槽钢托梁连接,长度为 2 200 mm,配合 300 mm×120 mm×16 mm 的钢垫片使用,钢垫片开孔直径为 25 mm,开孔尺寸如图 6-7 所示。

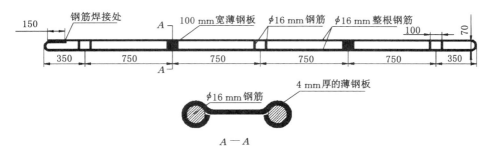

图 6-6 钢筋梯子梁结构示意图

由现场矿压观测结果可知,靠实体煤侧顶角围岩破碎程度亦较为严重,为保障巷道的整体稳定性,避免局部失稳破坏影响整个巷道使用,采用单体锚索对顶角进行加固。单体锚索选用直径为 17.8 mm、长度为 8 250 mm 的 1×7 股钢绞线,钻孔深度为 8 000 mm,锚索钻孔与顶板垂线的夹角为 15°,锚索距煤帮 800 mm,锚索走向排距为 1 800 mm,采用迈步式布置,每根锚索使用 1 卷 CK2335 和 2 卷

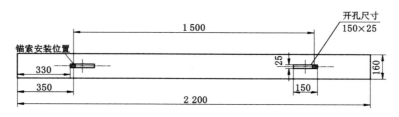

图 6-7　槽钢连接器示意图

Z2360 树脂药卷。锚索托板规格为 300 mm×300 mm×16 mm。

考虑到 20103 区段运输平巷大跨度、厚顶煤特征及预应力桁架锚索对大断面巷道顶板控制效果,采用预应力桁架锚索进行补强加固。桁架锚索采用直径为 17.8 mm、长度为 8 250 mm 的 1×7 股钢绞线,钻孔深度为 7 000 mm,锚索钻孔与顶板垂线的夹角为 15°。底部跨度为 2 100 mm,孔口帮距为 1 750 mm,排距为 14 400 mm,每根锚索使用 1 卷 CK2335 和 2 卷 Z2360 树脂药卷,施加预紧力不低于 140 kN。

（2）实体煤帮支护

实体煤帮选用 ϕ18 mm×2 000 mm 的圆钢锚杆,每排布置 4 根,中间锚杆垂直于煤帮,其余 2 根锚杆向外侧倾斜 15°,相邻锚杆采用长度为 3 250 mm、直径为 10 mm 的钢筋梯子梁连接。锚杆间距为 950 mm,排距为 900 mm,每根锚杆配合 1 卷 Z2360 树脂药卷使用,锚杆托板是规格为 150 mm×150 mm×6 mm 的碟形托盘。高强菱形金属网用于表面围岩维护。

（3）松软煤柱帮支护

煤柱帮选用 ϕ20 mm×2 500 mm 螺纹钢锚杆支护,每排布置 4 根,中间锚杆垂直于煤帮,其余 2 根锚杆向外侧倾斜 15°,相邻锚杆采用长度为 3 250 mm、直径为 10 mm 的钢筋梯子梁连接。锚杆间距为 950 mm,排距为 900 mm,每根锚杆配合 1 卷 Z2360 树脂药卷使用,锚杆托板是规格为 150 mm×150 mm×6 mm 的碟形托盘。高强菱形金属网用于表面围岩维护。由于 0～600 m 范围内煤柱帮受到相邻工作面采动影响较为剧烈,煤柱帮发生较为严重的变形破坏,为保障煤柱整体性和稳定性,对煤柱帮进行锚索加强支护。锚索选用直径为 17.8 mm、长度为 5 250 mm 的 1×7 股钢绞线,钻孔深度为 5 000 mm,锚索距顶板 1 800 mm,锚索走向排距为 1 800 mm,垂直于煤帮布置,每根锚索使用 1 卷 CK2335 和 2 卷 Z2360 树脂药卷,锚索托板规格为 300 mm×300 mm×16 mm。

6.3　现场矿压观测

6.3.1　测站布置与监测方法、工具

6.3.1.1　巷道表面位移监测

　　为评价新支护方案的可行性,详细了解支护方案的工作状态,对 20103 区段运输平巷 600～1 490 m 段掘进期间和回采期间巷道变形、顶板离层和煤柱应力情况进行监测。巷道掘进后布置四个测站,相邻测站间距为 50 m,测站布置如图 6-8所示。

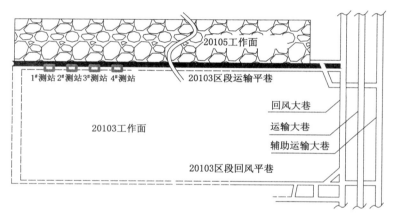

图 6-8　20103 巷道表面位移测站布置图

　　围岩变形监测断面与监测工具如图 6-9 所示。数据收集过程叙述如下:① 分别在巷道顶板、底板、煤柱帮和实体煤帮安装木钉,顶、底板上的木钉安装在距煤柱帮 2.3 m 处和距实体煤帮 1.0 m 处,两帮上的木钉安装在距底板 1.7 m处。② 在监测过程中,两帮位移采用钢尺和测线监测,顶、底板变形采用可伸缩的测杆和测线监测。③ 由课题组人员和矿方人员共同完成数据采集工作,每两天监测一次。监测过程自巷道掘进后开始直至 20103 工作面推过测站。

6.3.1.2　顶板离层监测

　　采用尤洛卡顶板离层预警系统监测顶板内部围岩离层情况,在图 6-8 所示测站位置安装离层传感器,采用顶板钻孔安装,钻孔直径为 27～29 mm,两个基点分别安装在顶板 7 m 和 3 m 深度处,每天观测一次。顶板离层预警系统及其安装如图 6-10 所示。

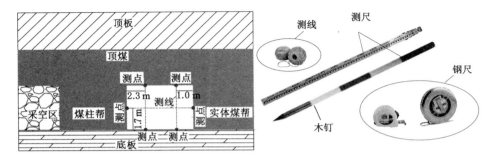

图 6-9　围岩变形监测断面与监测工具

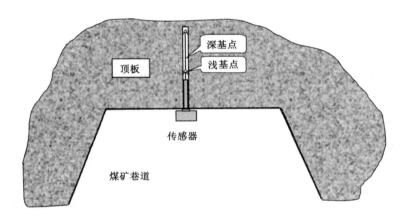

图 6-10　顶板离层预警系统及其安装

6.3.1.3　煤柱应力动态监测

为全面掌握煤柱内应力分布特征,采用钻孔应力系统监测工作面前方煤柱内应力变化。煤柱内钻孔应力计布置如图 6-11 所示,每个测站布设 7 个钻孔应力计,安装深度依次为 1 m、2 m、3 m、4 m、5 m、6 m、7 m,钻孔间距为 3 m。

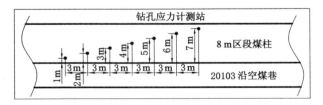

图 6-11　煤柱内钻孔应力计布置图

6.3.2　矿压观测结果与分析

20103 区段运输平巷掘进期间和工作面回采期间巷道围岩变形曲线如图 6-12所示,图中每个点代表四个测站测量值的平均值。

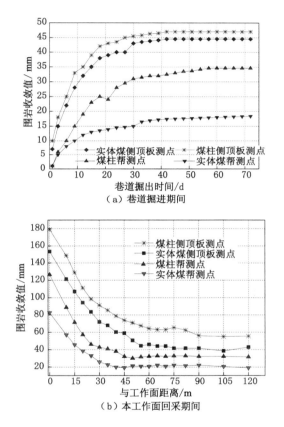

（a）巷道掘进期间

（b）本工作面回采期间

图 6-12　20103 区段运输平巷围岩变形曲线

由图 6-12 可知,近90%的巷道变形发生于巷道掘出后 30 d 内,巷道掘出40 d后巷道变形基本趋于稳定,且顶板变形最大,煤柱帮变形次之,实体煤帮变形最小。巷道掘进期间靠煤柱侧顶板最大收敛值为 47 mm,靠实体煤侧顶板最大收敛值为 44 mm,靠煤柱帮最大收敛值为 35 mm,靠实体煤帮最大收敛值为 19 mm。可见,巷道掘进期间顶板收敛值较小且较为均匀,不对称变形现象明显减弱。本工作面回采期间,由于工作面采动引起的超前支承压力作用,巷道围岩收敛值明显增大,近90%的巷道变形发生于距工作面 45 m 范围内,顶板仍是变形的主要部位；最终靠煤柱侧顶板最大收敛值为 176 mm，靠实体煤侧顶板最大收敛值为 157 mm，靠煤柱帮最大收敛值为 128 mm，靠实体煤帮最大收敛值为 83 mm。

20103 区段运输平巷顶板离层曲线如图 6-13 所示，图中每个点代表四个测站测量值的平均值。掘进期间随着巷道掘出时间增长，顶板离层值呈台阶式增长；顶板深部测点在巷道掘出后 30 d 趋于稳定，最大离层值为 9 mm；顶板浅部测点在巷道掘出后 40 d 趋于稳定，最大离层值为 15 mm。回采期间，在工作面推进至距测点 37 m 过程中，离层值保持稳定；在工作面推进距测站 37 m 范围内时，离层值开始增大，0～3 m 范围内离层值约为 25 mm，3～7 m 处离层值约为 19 mm。可见，相对于深部围岩而言，巷道顶板浅部围岩离层量较大，表明新支护方案能够有效地控制顶板内部变形。

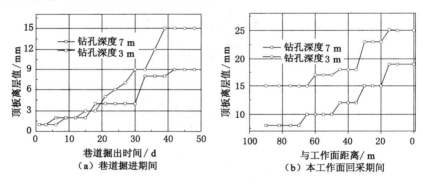

图 6-13　20103 区段运输平巷顶板离层曲线

20103 工作面回采过程中煤柱垂直应力变化曲线如图 6-14 所示。

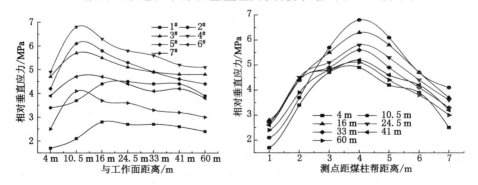

图 6-14　20103 工作面回采过程中煤柱垂直应力变化曲线

由图 6-14 可知：① 沿走向，随着工作面由距测站 60 m 推进至 33 m 过程中，煤柱内垂直应力变化不大；当工作面由距测站 33 m 推进至 10.5 m 过程中，煤柱内垂直应力迅速增大；此后，随着工作面继续推进，煤柱垂直应力迅速减小，由此可见，工作面超前影响范围约为 33 m。② 沿倾斜方向，煤柱内垂直应力呈先增大后减小的趋势，峰值位置始终位于距煤柱帮 4 m 测点处，这表明虽然 8 m 煤柱发生较大塑性破坏，但煤柱仍具有相当的承载能力。

巷道掘进期间和本工作面回采期间巷道围岩控制效果如图 6-15 所示，巷道维护状况良好，未发生顶板冒漏现象，顶板支护构件工作状态良好，巷道断面满足工作面通风、运输、行人等要求。可见，本书提出的综放沿空巷道顶板不对称调控系统可有效控制顶板的不对称变形破坏，维护巷道的稳定性。

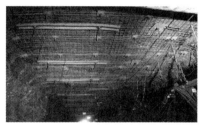 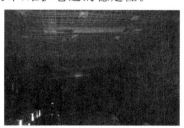

（a）巷道掘进期间　　　　　　　　（b）本工作面回采期间

图 6-15　巷道围岩控制效果

6.4　本章小结

基于综放松软窄煤柱沿空巷道顶板不对称控制原理，在 20103 区段运输平巷进行工业性试验，取得了显著的控制效果，得到如下结论：

（1）不对称式锚梁支护结构不仅可以减小顶板表面位移量，同时由于对靠煤柱侧顶板支护强度的提高，可较好地减弱靠煤柱侧顶板的垂直下沉和水平运动，减弱了顶板变形破坏的不对称性。

（2）支护参数设计确定不对称式锚梁结构选用直径为 17.8 mm、长度为 8 250 mm 的 1×7 股钢绞线，钻孔深度为 8 000 mm，每排布置 3 根锚索，靠近两帮的锚索钻孔与顶板垂线的夹角为 15°，中间的锚索垂直于顶板布置，锚索间排距为 1 500 mm×1 800 mm，煤柱帮侧锚索距巷帮 800 mm。

（3）试验巷道表面位移、顶板离层及煤柱应力监测表明，采用不对称式锚梁支护方案后，巷道维护状况良好，未发生顶板冒漏现象，顶板不对称变形破坏得到有效控制，顶板支护构件工作状态良好，巷道断面满足工作面通风、运输、行人等要求。

第7章 结论与展望

7.1 主要研究结论

本书以王家岭煤矿综放松软窄煤柱沿空巷道为工程背景,采用现场调研实测、理论分析、数值计算、室内实测和工业性试验相结合的方法,研究综放松软窄煤柱沿空巷道顶板不对称变形破坏特征、不对称破坏机制、不对称破坏时空演化规律、新型桁架锚索及科学化调控系统等,并将研究成果应用于试验巷道,得到如下结论:

(1) 综放松软窄煤柱沿空巷道顶板不对称变形破坏特征

① 现场矿压观测表明,以巷道中心线为轴,综放松软窄煤柱沿空巷道顶板呈现不对称破坏特征:沿垂直方向,靠煤柱侧顶板严重下沉乃至局部冒漏顶,直接顶与煤柱之间存在滑移、错位、嵌入、台阶下沉等现象;沿水平方向,顶板岩层水平运动剧烈,存在围岩错动形成的明显挤压破碎带,并进而导致了 W 型钢带和钢筋托梁弯曲失效、金属网撕裂等现象;围岩变形破坏主要发生于巷道的靠煤柱侧顶角(45.2%)、靠煤柱侧巷道顶板(25.8%)、煤柱帮中上部(22.6%)3 个位置。

② 围岩内部裂隙发育监测结果表明:靠实体煤侧顶板裂隙多以浅部发育的横向裂隙及离层和错位为主,而煤柱侧顶板裂隙可分为浅部(0～3.0 m 范围)横向裂隙/离层发育区和(4.9～12.3 m 范围)走向裂隙发育区(局部区域裂隙完全贯通形成断裂破碎带);根据钻孔长度、倾斜角度及破碎区范围,确定基本顶断裂位置距采空区 5.496～6.847 m。

③ 物理力学试验表明:2#煤层强度较低,单轴抗压强度仅为 13.89 MPa,节理裂隙发育,属软弱煤层,在采掘作用下易发生变形碎裂;20103 区段运输平巷沿巷道底板掘进,巷道顶板和两帮均为松软破碎煤体,巷道上方赋存 2.70～3.25 m顶煤,在强采动作用下极易发生离层或局部冒顶事故。

(2) 综放沿空巷道覆岩结构特征及其与顶板不对称矿压的关系

① 建立侧向关键块结构力学模型,推导得出侧向关键块断裂位置表达式,

确定基本顶于距采空区煤壁 5.86～6.19 m 处断裂;在关键块回转下沉运动过程中,将会对沿空巷道顶板产生较高的不均衡支承压力和偏斜挤压力,并造成煤柱帮的严重压缩变形,最终导致沿空巷道应力和围岩性质沿巷道中轴线的不对称分布,这是沿空巷道顶板不对称变形的直接原因。

② 建立综放沿空巷道顶板不对称梁力学模型,解算得出采动影响下沿空巷道顶板岩梁弯矩和挠度表达式;计算结果表明,综放沿空巷道顶板弯矩和挠度分布均沿巷道中轴线呈显著的不对称特征,最大弯矩和挠度出现在距煤柱帮 1.5 m 处。

③ 数值分析表明,浅部 0～2.0 m 范围内靠煤柱侧顶板下沉量明显大于靠实体煤侧顶板下沉量,最大位移发生在巷道中心线偏煤柱侧 200～600 mm 处,2.0～5.0 m 范围内顶板下沉量自实体煤侧到煤柱侧呈线性增大趋势;浅部 0～1.5 m 范围内岩层从两侧向巷道内发生挤压运动,且靠煤柱侧顶板水平位移明显大于靠实体煤侧顶板水平位移,“0”水平位移点由巷道中心处向实体煤侧转移 0.9 m,1.5～6.0 m 范围内岩层由煤柱侧向实体煤侧发生运动。

④ 随着基本顶破断线与沿空巷道中心线距离减小或者基本顶下沉量的增大,煤柱作为砌体梁结构的支承点受到的垂直载荷逐渐增大,使得煤柱帮自身承载性能及其对顶板的支撑作用明显弱于实体煤帮,从而加剧了沿空巷道围岩结构的不对称性和顶板变形破坏的不对称性。

（3）采掘全过程中综放沿空巷道顶板不对称破坏演化特征

① 20103 区段运输平巷掘进期间,0～3.5 m 高度范围内顶板偏应力第二不变量呈“双峰状”分布形态,分别在煤柱上方和实体煤上方顶板出现两个峰值,且实体煤上方顶板峰值要大于煤柱上方顶板峰值;3.5～11.5 m 高度范围内偏应力第二不变量呈“单峰状”分布形态,在煤柱上方达到峰值;就巷道上方顶板浅部岩层而言,靠煤柱侧顶板存储着较高的畸变能且畸变能密度分布差异较大,该区域内畸变能释放和转移易引发顶板破坏。

② 20103 工作面回采期间,受上覆岩层二次破断影响,煤柱承载能力进一步降低,致使其上方顶板岩层畸变能存储能力降低,引起偏应力第二不变量峰值向实体煤上方顶板转移;0～3.5 m 高度范围内偏应力第二不变量仍呈“双峰状”分布形态,实体煤上方顶板峰值要大于煤柱上方顶板峰值;3.5～11.5 m 高度范围内偏应力第二不变量呈“单峰状”分布形态,在实体煤上方顶板达到峰值。

③ 煤柱宽度和强度是沿空巷道顶板不对称破坏的关键因素,随着煤柱宽度或强度的减小,煤柱帮承载能力降低并发生压缩变形,造成靠煤柱侧顶板承载能力降低,顶板偏应力开始向实体煤上方顶板转移,并诱发了靠煤柱侧顶板沿垂直方向和水平方向的不对称位移。

（4）综放松软窄煤柱沿空巷道顶板不对称控制原理与调控系统

① 提出了以"不对称式锚梁结构"为核心的综放沿空巷道调控系统,其主要包括螺纹钢锚杆、高预应力桁架锚索和不对称锚梁桁架结构,该调控系统不但具有控制大范围塑性破坏、抗剪性能强的优点,且能对巷道顶板煤岩体变形的不对称性作出积极响应并能对其进行有效的控制。

② 研发了以高强度钢筋托梁和16#槽钢托梁为连接构件的不对称锚梁结构,其由高强度锚索、钢筋梯子梁和16#槽钢托梁,配以托板、厚垫片等附属构件构成,单体锚索之间采用高强度钢筋梯子梁连接,同时靠煤柱帮侧锚索采用16#槽钢托梁进行二次连接。该支护系统的主要原理可概括为承压降载、减垮抗拉、不对称控制和适应顶板水平运动四个方面。

③ 20103区段运输平巷现场工程实践表明,采用不对称式锚梁支护方案后,巷道维护状况良好,未发生顶板冒漏现象,顶板不对称变形破坏得到有效控制,顶板支护构件工作状态良好,巷道断面满足工作面通风、运输、行人等要求。

7.2　主要创新点

（1）建立综放沿空巷道上覆岩层整体力学模型,分析了采动影响条件下基本顶与直接顶的互馈力学行为,获得顶板在垂直方向和水平方向破坏失稳准则与判据,揭示了顶板不对称破坏与基本顶结构回转下沉、两帮煤体性质特征及支护体等因素的关联性。

（2）揭示了采掘进程不同阶段综放沿空巷道顶板煤岩体偏应力场和位移场分布与迁移的时空演化规律,解算了顶板在垂直方向与水平方向运移破坏的动态响应,阐明了顶板破坏不对称性分布规律及不同类型严重变形破坏程度和区位特征。

（3）研发能够同时控制顶板垂直方向和水平方向不对称破坏的不对称式锚梁结构及其防治顶板不对称破坏的方法,明晰了顶板煤岩体与新型锚索支护结构的耦合作用,在此基础上形成一套高效安全的顶板调控系统。

7.3　展望

综放松软窄煤柱沿空巷道顶板的不对称破坏,严重制约大型综放开采实现高产高效及提高安全性和资源回采率。本书运用现场调研实测、理论分析、数值计算、室内实测和工业性试验等方法对综放松软窄煤柱沿空巷道顶板不对称破坏机制及相应控制系统进行系统研究,对综放沿空巷道围岩稳定性控制具有一定的理论意义和实用价值。但由于作者本人认知水平有限和试验条件的不足，对于该类巷道破坏机制和控制有待进一步研究：

（1）对于综放沿空巷道覆岩结构特征及采掘全过程中沿空巷道顶板不对称破坏演化过程，仅通过理论分析和数值模拟进行了研究，缺乏相关的试验验证。

（2）对于综放沿空巷道顶板水平滑移变形，仅从岩层层面角度进行了定性分析，理论深度不够；对于顶板水平滑移变形与基本顶结构回转下沉的力学关系有待于进一步研究。

（3）综放沿空巷道围岩性质结构和受采动影响的不对称性实质可通过围岩变形、裂隙发育、锚杆(索)受力等矿压形式体现，现场监测中缺乏锚杆(索)受力测试。

（4）研发的不对称调控系统在 20103 巷道进行了工业性试验，但需要更多现场应用来进一步提高和完善该支护系统的实用性。

参 考 文 献

[1] 钱鸣高,缪协兴,许家林,等.论科学采矿[J].采矿与安全工程学报,2008,25(1):1-10.

[2] 钱鸣高.煤炭的科学开采[J].煤炭学报,2010,35(4):529-534.

[3] 钱鸣高,缪协兴,许家林.资源与环境协调(绿色)开采及其技术体系[J].采矿与安全工程学报,2006,23(1):1-5.

[4] 王金华.特厚煤层大采高综放开采关键技术[J].煤炭学报,2013,38(12):2089-2098.

[5] 成云海,姜福兴,庞继禄.特厚煤层综放开采采空区侧向矿压特征及应用[J].煤炭学报,2012,37(7):1088-1093.

[6] 于雷,闫少宏,刘全明.特厚煤层综放开采支架工作阻力的确定[J].煤炭学报,2012,37(5):737-742.

[7] 王家臣,王兆会.高强度开采工作面顶板动载冲击效应分析[J].岩石力学与工程学报,2015,34(增刊2):3987-3997.

[8] 杨敬虎,孙少龙,孔德中.高强度开采工作面矿压显现的面长和推进速度效应[J].岩土力学,2015,36(增刊2):333-339,350.

[9] 于斌,刘长友,刘锦荣.大同矿区特厚煤层综放回采巷道强矿压显现机制及控制技术[J].岩石力学与工程学报,2014,33(9):1863-1872.

[10] 李术才,王琦,李为腾,等.深部厚顶煤巷道让压型锚索箱梁支护系统现场试验对比研究[J].岩石力学与工程学报,2012,31(4):656-666.

[11] 何富连,许磊,吴焕凯,等.厚煤顶大断面切眼裂隙场演化及围岩稳定性分析[J].煤炭学报,2014,39(2):336-346.

[12] 孔令海,姜福兴,王存文.特厚煤层综放采场支架合理工作阻力研究[J].岩石力学与工程学报,2010,29(11):2312-2318.

[13] 何富连,王晓明,许磊,等.大断面切眼主应力差转移规律及支护技术[J].岩土力学,2014,35(6):1703-1710.

[14] 许磊,何富连,王军,等.厚煤层超高巷道裂隙拓展规律及围岩控制[J].采矿与安全工程学报,2014,31(5):687-694.

[15] 何富连,张广超.大断面采动剧烈影响煤巷变形破坏机制与控制技术[J]. 采矿与安全工程学报,2016,33(3):423-430.

[16] 冯吉成,马念杰,赵志强,等.深井大采高工作面沿空掘巷窄煤柱宽度研究 [J].采矿与安全工程学报,2014,31(4):580-586.

[17] 张广超,何富连,来永辉,等.高强度开采综放工作面区段煤柱合理宽度与 控制技术[J].煤炭学报,2016,41(9):2188-2194.

[18] 石平五,许少东,陈治中.综放沿空掘巷矿压显现规律研究[J].矿山压力与 顶板管理,2004,21(1):32-33.

[19] 张广超,何富连.大断面强采动综放煤巷顶板非对称破坏机制与控制对策 [J].岩石力学与工程学报,2016,35(4):806-818.

[20] 张广超,何富连.大断面综放沿空巷道煤柱合理宽度与围岩控制[J].岩土 力学,2016,37(6):1721-1728.

[21] 鞠金峰,许家林,王庆雄.大采高采场关键层"悬臂梁"结构运动型式及对矿 压的影响[J].煤炭学报,2011,36(12):2115-2120.

[22] 许家林,鞠金峰.特大采高综采面关键层结构形态及其对矿压显现的影响 [J].岩石力学与工程学报,2011,30(8):1547-1556.

[23] 朱德仁.长壁工作面基本顶的破断规律及其应用[D].徐州:中国矿业大 学,1987.

[24] 何廷峻.工作面端头悬顶在沿空巷道中破断位置的预测[J].煤炭学报, 2000,25(1):28-31.

[25] 漆泰岳.沿空留巷支护理论研究及实例分析[D].徐州:中国矿业大 学,1996.

[26] 涂敏.沿空留巷顶板运动与巷旁支护阻力研究[J].辽宁工程技术大学学报 (自然科学版),1999,18(4):347-351.

[27] 侯朝炯,李学华.综放沿空掘巷围岩大、小结构的稳定性原理[J].煤炭学 报,2001,26(1):1-7.

[28] 李磊,柏建彪,王襄禹.综放沿空掘巷合理位置及控制技术[J].煤炭学报, 2012,37(9):1564-1569.

[29] 柏建彪,王卫军,侯朝炯,等.综放沿空掘巷围岩控制机理及支护技术研究 [J].煤炭学报,2000,25(5):478-481.

[30] 宋振骐,崔增娣,夏洪春,等.无煤柱矸石充填绿色安全高效开采模式及其 工程理论基础研究[J].煤炭学报,2010,35(5):705-710.

[31] 王红胜,张东升,马立强.预置矸石充填带置换小煤柱的无煤柱开采技术 [J].煤炭科学技术,2010,38(4):1-5.

[32] 伍永平,解盘石,任世广.大倾角煤层开采围岩空间非对称结构特征分析[J].煤炭学报,2010,35(2):182-184.

[33] 张蓓,曹胜根,王连国,等.大倾角煤层巷道变形破坏机理与支护对策研究[J].采矿与安全工程学报,2011,28(2):214-219.

[34] 郭东明,杨仁树,王雁冰,等.大倾角松软厚煤层巷道支护的不连续变形分析[J].煤炭科学技术,2011,39(4):21-24,28.

[35] 张明建,邰进海,魏世义,等.倾斜岩层平巷围岩破坏特征的相似模拟试验研究[J].岩石力学与工程学报,2010,29(增刊1):3259-3264.

[36] 孙晓明,张国锋,蔡峰,等.深部倾斜岩层巷道非对称变形机制及控制对策[J].岩石力学与工程学报,2009,28(6):1137-1143.

[37] 孙小康,王连国,朱双双,等.采空区下回采巷道非对称变形研究[J].煤炭工程,2014,46(3):72-75.

[38] 何满潮,王晓义,刘文涛,等.孔庄矿深部软岩巷道非对称变形数值模拟与控制对策研究[J].岩石力学与工程学报,2008,27(4):673-678.

[39] 黄万朋.深井巷道非对称变形机理与围岩流变及扰动变形控制研究[D].北京:中国矿业大学(北京),2012.

[40] 樊克恭,蒋金泉.弱结构巷道围岩变形破坏与非均称控制机理[J].中国矿业大学学报,2007,36(1):54-59.

[41] GALE W J,BLACKWOOD R L. Stress distributions and rock failure around coal mine roadways[J]. International journal of rock mechanics and mining sciences & geomechanics abstracts,1987,24(3):165-173.

[42] 郭建卿,杨子泉,唐辉.侧压系数对巷道变形及周边应力分布规律影响[J].采矿与安全工程学报,2011,28(4):566-570.

[43] 于斌.高强度锚杆支护技术及在大断面煤巷中的应用[J].煤炭科学技术,2011,39(8):5-8.

[44] 张农,高明仕.煤巷高强预应力锚杆支护技术与应用[J].中国矿业大学学报,2004,33(5):524-527.

[45] 张益东,程亮,杨锦峰,等.锚杆支护密度对锚固复合承载体承载特性影响规律试验研究[J].采矿与安全工程学报,2015,32(2):305-309,316.

[46] 宋宏伟,牟彬善.破裂岩石锚固组合拱承载能力及其合理厚度探讨[J].中国矿业大学学报,1997,26(2):33-36.

[47] 贾宏俊,王辉.软岩巷道可缓冲渐变式双强壳体支护原理及实践[J].岩土力学,2015,36(4):1119-1126.

[48] 孙利辉,杨本生,杨万斌,等.深部巷道连续双壳加固机理及试验研究[J].

采矿与安全工程学报,2013,30(5):686-691.

[49] 张益东,李晋平.综放锚杆支护巷道顶煤内部支护结构承载能力探讨[J].
煤炭学报,1999,24(6):605-608.

[50] 苏永华,梁斌,刘少峰,等.基于组合拱理论隧道锚喷支护稳定可靠度求解
的一维积分方法[J].岩石力学与工程学报,2015,34(12):2446-2454.

[51] 张益东.锚固复合承载体承载特性研究及在巷道锚杆支护设计中的应用[D].
徐州:中国矿业大学,2013.

[52] 鲁岩,邹喜正,刘长友.基于修正普氏拱的巷道锚杆支护技术[J].采矿与安
全工程学报,2007,24(4):461-464.

[53] 鲁岩,邹喜正,刘长友,等.巷旁开掘卸压巷技术研究与应用[J].采矿与安
全工程学报,2006,23(3):329-332.

[54] 何满潮,李晨,宫伟力.恒阻大变形锚杆冲击拉伸实验及其有限元分析[J].
岩石力学与工程学报,2015,34(11):2179-2187.

[55] 何满潮,郭志飚.恒阻大变形锚杆力学特性及其工程应用[J].岩石力学与
工程学报,2014,33(7):1297-1308.

[56] 何满潮,吕谦,陶志刚,等.静力拉伸下恒阻大变形锚索应变特征实验研究
[J].中国矿业大学学报,2018,47(2):213-220.

[57] 康红普,王金华,林健.高预应力强力支护系统及其在深部巷道中的应用
[J].煤炭学报,2007,32(12):1233-1238.

[58] 康红普,王金华,林健.煤矿巷道锚杆支护应用实例分析[J].岩石力学与工
程学报,2010,29(4):649-664.

[59] 康红普,王金华,林健.煤矿巷道支护技术的研究与应用[J].煤炭学报,
2010,35(11):1809-1814.

[60] 康红普,林健,吴拥政.全断面高预应力强力锚索支护技术及其在动压巷道
中的应用[J].煤炭学报,2009,34(9):1153-1159.

[61] 康红普.深部煤巷锚杆支护技术的研究与实践[J].煤矿开采,2008,13(1):
1-5.

[62] 康红普.深部巷道锚杆支护理论与技术[C]//中国煤炭学会第六次全国会
员代表大会暨学术论坛论文集.北京:[出版者不详],2007:89-98.

[63] 康红普,姜铁明,高富强.预应力锚杆支护参数的设计[J].煤炭学报,2008,
33(7):721-726.

[64] 康红普,姜铁明,高富强.预应力在锚杆支护中的作用[J].煤炭学报,2007,
32(7):680-685.

[65] 马念杰,赵志强,冯吉成.困难条件下巷道对接长锚杆支护技术[J].煤炭科

学技术,2013,41(9):117-121.

[66] 马念杰,吴联君,刘洪艳,等.煤巷锚杆支护关键技术及发展趋势探讨[J].煤炭科学技术,2006,34(5):77-79.

[67] 马念杰,赵希栋,赵志强,等.深部采动巷道顶板稳定性分析与控制[J].煤炭学报,2015,40(10):2287-2295.

[68] 马念杰,刘少伟,邓广涛,等.巷道锚杆尾部破断机理及合理结构的设计[J].煤炭学报,2005,30(3):327-331.

[69] 张农,李学华,高明仕.迎采动工作面沿空掘巷预拉力支护及工程应用[J].岩石力学与工程学报,2004,23(12):2100-2105.

[70] 张农,张志义,吴海,等.深井沿空留巷扩刷修复技术及应用[J].岩石力学与工程学报,2014,33(3):468-474.

[71] 何富连,许磊,吴焕凯,等.大断面切眼顶板偏应力运移及围岩稳定[J].岩土工程学报,2014,36(6):1122-1128.

[72] 何富连,王晓明,许磊,等.大断面切眼主应力差转移规律及支护技术[J].岩土力学,2014,35(6):1703-1710.

[73] 何富连,高峰,孙运江,等.窄煤柱综放煤巷钢梁桁架非对称支护机理及应用[J].煤炭学报,2015,40(10):2296-2302.

[74] 李术才,王德超,王琦,等.深部厚顶煤巷道大型地质力学模型试验系统研制与应用[J].煤炭学报,2013,38(9):1522-1530.

[75] 高延法,刘珂铭,何晓升,等.钢管混凝土支架在千米深井动压巷道中的应用[J].煤炭科学技术,2015,43(8):7-12.

[76] 高延法,李学彬,王军,等.钢管混凝土支架注浆孔补强技术数值模拟分析[J].隧道建设,2011,31(4):426-430.

[77] 高延法,王波,王军,等.深井软岩巷道钢管混凝土支护结构性能试验及应用[J].岩石力学与工程学报,2010,29(增刊1):2604-2609.

[78] 高延法,刘珂铭,冯绍伟,等.早强混凝土实验与极软岩巷道钢管混凝土支架应用研究[J].采矿与安全工程学报,2015,32(4):537-543.

[79] 张农,李宝玉,李桂臣,等.薄层状煤岩体中巷道的不均匀破坏及封闭支护[J].采矿与安全工程学报,2013,30(1):1-6.

[80] 王亚琼,张少兵,谢永利,等.浅埋偏压连拱隧道非对称支护结构受力性状分析[J].岩石力学与工程学报,2010,29(增刊1):3265-3272.

[81] 邹敏锋,樊宇,乔素雷.深部软岩巷道锚网不对称支护技术分析[J].市政技术,2010,28(5):117-119.

[82] 许绍明,徐颖.大断面软岩巷道非对称破坏原因分析及控制对策[J].矿业

安全与环保,2013,40(3):55-57,61.

[83] CAI M,KAISER P K. Rock support for deep tunnels in highly stressed rocks[C]//12″ISRM International Congress on Rock Mechanics.[S. l. :s. n.],2012.

[84] 张源,万志军,李付臣,等.不稳定覆岩下沿空掘巷围岩大变形机理[J].采矿与安全工程学报,2012,29(4):451-458.

[85] 张农,张志义,吴海,等.深井沿空留巷扩刷修复技术及应用[J].岩石力学与工程学报,2014,33(3):468-474.

[86] 钱鸣高,缪协兴,何富连.采场"砌体梁"结构的关键块分析[J].煤炭学报,1994,19(6):557-563.

[87] 钱鸣高,何富连,王作棠,等.再论采场矿山压力理论[J].中国矿业大学学报,1994,23(3):1-9.

[88] 郝海金,吴健,张勇,等.大采高开采上位岩层平衡结构及其对采场矿压显现的影响[J].煤炭学报,2004,29(2):137-141.

[89] 闫少宏,尹希文,许红杰,等.大采高综采顶板短悬臂梁-铰接岩梁结构与支架工作阻力的确定[J].煤炭学报,2011,36(11):1816-1820.

[90] 闫少宏.特厚煤层大采高综放开采支架外载的理论研究[J].煤炭学报,2009,34(5):590-593.

[91] 许家林,鞠金峰.特大采高综采面关键层结构形态及其对矿压显现的影响[J].岩石力学与工程学报,2011,30(8):1547-1556.

[92] 张吉雄.矸石直接充填综采岩层移动控制及其应用研究[D].徐州:中国矿业大学,2008.

[93] 宋振骐,卢国志,夏洪春.一种计算采场支承压力分布的新算法[J].山东科技大学学报(自然科学版),2006,25(1):1-4.

[94] 石永奎,宋振骐,王崇革.软煤层综放工作面沿空掘巷支护设计[J].岩土力学,2001,22(4):509-512.

[95] 李磊,柏建彪,王襄禹.综放沿空掘巷合理位置及控制技术[J].煤炭学报,2012,37(9):1564-1569.

[96] 钱鸣高,石平五,许家林.矿山压力与岩层控制[M].徐州:中国矿业大学出版社,2010.

[97] 朱之芳.抚顺龙凤矿冲击地压实验室研究报告:用煤(岩)刚度建立冲击性指标的研究[J].阜新矿业学院学报,1985,4(增刊1):43-56.

[98] 潘岳,顾士坦,戚云松.初次来压前受超前增压荷载作用的坚硬顶板弯矩、挠度和剪力的解析解[J].岩石力学与工程学报,2013,32(8):1544-1553.

[99] 潘岳,顾士坦,戚云松.周期来压前受超前隆起分布荷载作用的坚硬顶板弯矩和挠度的解析解[J].岩石力学与工程学报,2012,31(10):2053-2063.

[100] 刘双跃,钱鸣高.老顶断裂位置及断裂后回转角的数值分析[J].中国矿业大学学报,1989,18(1):31-36.

[101] 侯圣权,靖洪文,杨大林.动压沿空双巷围岩破坏演化规律的试验研究[J].岩土工程学报,2011,33(2):265-268.

[102] SHEN B T. Coal mine roadway stability in soft rock:a case study[J]. Rock mechanics and rock engineering,2014,47(6):2225-2238.

[103] 王卫军,侯朝炯,柏建彪,等.综放沿空巷道顶煤受力变形分析[J].岩土工程学报,2001,23(2):209-211.

[104] 赵毅鑫,王涛,姜耀东,等.基于 Hoek-Brown 参数确定方法的多煤层开采工作面矿压显现规律模拟研究[J].煤炭学报,2013,38(6):970-976.

[105] WANG H W,POULSEN B A,SHEN B T,et al. The influence of roadway backfill on the coal pillar strength by numerical investigation[J]. International journal of rock mechanics and mining sciences,2011,48(3):443-450.

[106] MOHAMMAD N,REDDISH D J,STACE L R. The relation between in situ and laboratory rock properties used in numerical modelling[J]. International journal of rock mechanics and mining sciences,1997,34(2):289-297.

[107] 蔡美峰.岩石力学与工程[M].2 版.北京:科学出版社,2013.

[108] 黄兴,潘玉丛,刘建平,等.TBM 掘进围岩挤压大变形机理与本构模型[J].煤炭学报,2015,40(6):1245-1256.

[109] WEI G. Study on the width of the non-elastic zone in inclined coal pillar for strip mining[J]. International journal of rock mechanics and mining sciences,2014,72:304-310.

[110] LI W F,BAI J B,PENG S,et al. Numerical modeling for yield pillar design:a case study[J]. Rock mechanics and rock engineering,2015,48(1):305-318.

[111] JAISWAL A,SHRIVASTVA B K. Numerical simulation of coal pillar strength[J]. International journal of rock mechanics and mining sciences,2009,46(4):779-788.

[112] 何忠明,吴维,付宏渊,等.基于应变软化模型的软岩高边坡过程稳定性研究[J].中南大学学报(自然科学版),2013,44(3):1203-1208.

[113] 周家文,徐卫亚,李明卫,等.岩石应变软化模型在深埋隧洞数值分析中的应用[J].岩石力学与工程学报,2009,28(6):1116-1127.

[114] 王水林,郑宏,刘泉声,等.应变软化岩体分析原理及其应用[J].岩土力学,2014,35(3):609-622.

[115] 张强,王水林,葛修润.圆形巷道围岩应变软化弹塑性分析[J].岩石力学与工程学报,2010,29(5):1031-1035.

[116] 姜福兴,宋振骐,宋扬.老顶的基本结构形式[J].岩石力学与工程学报,1993,12(4):366-379.

[117] 姜福兴,张兴民,杨淑华,等.长壁采场覆岩空间结构探讨[J].岩石力学与工程学报,2006,25(5):979-984.

[118] WANG M,BAI J B,LI W F,et al. Failure mechanism and control of deep gobside entry[J]. Arabian journal of geosciences,2015,8(11):9117-9131.

[119] 蒋力帅.工程岩体劣化与大采高沿空巷道围岩控制原理研究[D].北京:中国矿业大学(北京),2016.

[120] WANG S L,HAO S P,CHEN Y,et al. Numerical investigation of coal pillar failure under simultaneous static and dynamic loading[J]. International journal of rock mechanics and mining sciences,2016,84:59-68.

[121] SHABANIMASHCOOL M,LI C C. A numerical study of stress changes in barrier pillars and a border area in a longwall coal mine[J]. International journal of coal geology,2013,106:39-47.

[122] YAN S,BAI J B,WANG X Y,et al. An innovative approach for gateroad layout in highly gassy longwall top coal caving[J]. International journal of rock mechanics and mining sciences,2013,59:33-41.

[123] JIANG L S,SAINOKI A,MITRI H S,et al. Influence of fracture-induced weakening on coal mine gateroad stability[J]. International journal of rock mechanics and mining sciences,2016,88:307-317.

[124] MOHAN G M,SHEOREY P R,KUSHWAHA A. Numerical estimation of pillar strength in coal mines[J]. International journal of rock mechanics and mining sciences,2001,38(8):1185-1192.

[125] 许国安,靖洪文,丁书学,等.沿空双巷窄煤柱应力与位移演化规律研究[J].采矿与安全工程学报,2010,27(2):160-165.

[126] 牛双建,靖洪文,杨大方.深井巷道围岩主应力差演化规律物理模拟研究[J].岩石力学与工程学报,2012,31(增刊2):3811-3820.

[127] 李文峰.煤柱内沿空巷道采掘应力诱发底鼓机理与控制技术研究[D].徐

州：中国矿业大学，2015.

[128] 赵忠虎，谢和平.岩石变形破坏过程中的能量传递和耗散研究[J].四川大学学报(工程科学版)，2008，40(2)：26-31.

[129] 陈旭光，张强勇.岩石剪切破坏过程的能量耗散和释放研究[J].采矿与安全工程学报，2010，27(2)：179-184.

[130] 尤明庆，华安增.岩石试样破坏过程的能量分析[J].岩石力学与工程学报，2002，21(6)：778-781.

[131] 范勇，卢文波，严鹏，等.地下洞室开挖过程围岩应变能调整力学机制[J].岩土力学，2013，34(12)：3580-3584.

[132] 王汉鹏，薛俊华，李建明，等.隧洞开挖围岩动态卸载响应特征模拟研究[J].岩土力学，2015，36(5)：1481-1487.

[133] 杨桂通.弹塑性力学[M].北京：人民教育出版社，1980.

[134] 郑雨天.岩石力学的弹塑粘性理论基础[M].北京：煤炭工业出版社，1988.

[135] 许磊.近距离煤柱群底板偏应力不变量分布特征及应用[D].北京：中国矿业大学(北京)，2014.

[136] 牛双建.深部巷道围岩强度衰减规律研究[D].徐州：中国矿业大学，2011.

[137] 崔德芹.深井巷道围岩应力松弛效应与控制技术研究[J].煤炭技术，2016，35(9)：74-76.

[138] 李云祯，黄涛，戴本林，等.考虑第三偏应力不变量的岩石局部化变形预测模型[J].岩石力学与工程学报，2010，29(7)：1450-1456.

[139] 余东明，姚海林，段建新，等.考虑中主应力和剪胀的深埋圆形隧道黏弹塑性蠕变解[J].岩石力学与工程学报，2012，31(增刊2)：3586-3592.

[140] 刘金海，姜福兴，孙广京，等.深井综放面沿空顺槽超前液压支架选型研究[J].岩石力学与工程学报，2012，31(11)：2232-2239.

[141] 李迎富，华心祝.二次沿空留巷关键块的稳定性及巷旁充填体宽度确定[J].采矿与安全工程学报，2012，29(6)：783-789.

[142] 陈勇.沿空留巷围岩结构运动稳定机理与控制研究[D].徐州：中国矿业大学，2012.

[143] 李迎富，华心祝.沿空留巷上覆岩层关键块稳定性力学分析及巷旁充填体宽度确定[J].岩土力学，2012，33(4)：1134-1140.

[144] 孙倩，李树忱，冯现大，等.基于应变能密度理论的岩石破裂数值模拟方法研究[J].岩土力学，2011，32(5)：1575-1582.

[145] 蓝航，潘俊锋，彭永伟.煤岩动力灾害能量机理的数值模拟[J].煤炭学报，2010，35(增刊1)：10-14.

[146] 朱万成,左宇军,尚世明,等.动态扰动触发深部巷道发生失稳破裂的数值模拟[J].岩石力学与工程学报,2007,26(5):915-921.

[147] 谢和平,鞠杨,黎立云.基于能量耗散与释放原理的岩石强度与整体破坏准则[J].岩石力学与工程学报,2005,24(17):3003-3010.

[148] 贾宏俊,王辉.软岩巷道可缓冲渐变式双强壳体支护原理及实践[J].岩土力学,2015,36(4):1119-1126.

[149] 王卫军,侯朝炯,柏建彪,等.综放沿空巷道顶煤受力变形分析[J].岩土工程学报,2001,23(2):209-211.

[150] 王卫军,侯朝炯,柏建彪,等.综放沿空巷道底板受力变形分析及底鼓力学原理[J].岩土力学,2001,22(3):319-322.

[151] 吴德义,申法建.巷道复合顶板层间离层稳定性量化判据选择[J].岩石力学与工程学报,2014,33(10):2040-2046.

[152] 吴德义,闻广坤,王爱兰.深部开采复合顶板离层稳定性判别[J].采矿与安全工程学报,2011,28(2):252-257.

[153] 王卫军,侯朝炯.沿空巷道底鼓力学原理及控制技术的研究[J].岩石力学与工程学报,2004,23(1):69-74.

[154] 严红,何富连,徐腾飞.深井大断面煤巷双锚索桁架控制系统的研究与实践[J].岩石力学与工程学报,2012,31(11):2248-2257.

[155] 侯公羽,李先炜.锚拉支架的力学分析模型[J].岩石力学与工程学报,1998,17(1):66-75.

[156] 康红普,林健,吴拥政.全断面高预应力强力锚索支护技术及其在动压巷道中的应用[J].煤炭学报,2009,34(9):1153-1159.

[157] 严红,何富连,韩红强,等.等面弱结构双支护在高支承应力煤巷中的应用[J].煤炭技术,2010,29(10):63-65.

[158] 何富连,严红,杨绿刚,等.淋水碎裂顶板煤巷锚固试验研究与实践[J].岩土力学,2011,32(9):2591-2595.

[159] 苏学贵,宋选民,李浩春,等.特厚松软复合顶板巷道拱-梁耦合支护结构的构建及应用研究[J].岩石力学与工程学报,2014,33(9):1828-1836.

[160] 高明仕,郭春生,李江锋,等.厚层松软复合顶板煤巷梯次支护力学原理及应用[J].中国矿业大学学报,2011,40(3):333-338.

[161] ZHANG Z Y,SHIMADA H,QIAN D Y,et al. Application of the retained gob-side gateroad in a deep underground coalmine[J]. International al journal of mining, reclamation and environment, 2016, 30 (5/6): 371-389.

[162] ZHANG K,ZHANG G M,HOU R B,et al. Stress evolution in roadway rock bolts during mining in a fully mechanized longwall face,and an evaluation of rock bolt support design[J]. Rock mechanics and rock engineering,2015,48(1):333-344.